世界公民叢書

未來的，全人類觀點

YOUR BRAIN, EXPLAINED

What Neuroscience Reveals
About Your Brain and its Quirks

大腦X檔案

從神經科學解密大腦運作與怪奇病例

Marc Dingman

解釋你的腦：

恐懼、記憶、睡眠、語言、難過、運動、視力、快樂、疼痛、注意力

神經科學博士、高人氣KOL
馬克·丁曼——著
梁永安——譯

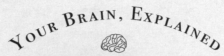

獻給基和菲亞——我的小小科學家

相關評論

一本好讀的導論，對於大腦的複雜性和神奇有精采說明，適合任何對科學、醫學和人之所以成為人感興趣的讀者。讀來像一部短篇偵探小說集，《大腦X檔案》結合了神經科學的經典案例和探尋大腦祕密的最新技術找到的發現。

——芬格（Stanley Finger）博士，華盛頓大學聖路易校區心理學暨腦科學榮譽教授，著有《神經科學的起源》（*Origins of Neuroscience*）、《大腦背後的心靈》（*Minds behind the Brain*）、《加爾：心靈的博物學家、大腦的先知》（*Franz Joseph Gall: Naturalist of the Mind, Visionary of the Brain*）

一本內容翔實、好讀和投入的書，適合任何對大腦如何運作感興趣但又不知道從何入手的人閱讀。

——柏奈特（Dean Burnett）博士，
著有《快樂的腦》（*Happy Brain*）和《蠢笨的腦》（*Idiot Brain*）

這本書清晰地解釋了我們認為人類對大腦這個最神祕物體的所知。丁曼把古典案例和現代研究編織為容易消化的段落，為日新月異的神經科學領域提供了一本卓越的入門書籍。

——科斯坦迪（Moheb Costandi），著有《神經可塑性》（*Neuroplasticity*）和
《你不可不知的五十個腦科學知識》（*Human Brain Ideas You Really Need to Know*）

針對腦的運作和神經科學當前議題，一部高度清通好讀的入門書……對這個領域一個神奇的導論。

——安姆托（Frank Amthor），阿拉巴馬大學心理學教授，
著有《給笨蛋讀的神經科學》（*Neuroscience for Dummies*）

大腦X檔案：從神經科學解密大腦運作與怪奇病例

【目錄】本書總頁數360頁

導論

一九〇八年，戈德斯坦（Kurt Goldstein）正在德國一間精神病醫院擔任住院醫師，任期快結束的時候，他遇到了一個極不尋常的病例。當時戈德斯坦從醫學院畢業不過五年，注定輝煌的事業才正要開始。幾十年後，他將會成為備受推崇的神經心理學家和大有影響力的作者。他是最早其中一個鼓吹用全方位取向治療精神病患的人，主張有必要把病患視為一個個人（更精確的說法是視為一個有機體），而不只是一批症狀的集合體。第一次世界大戰期間，他創辦了一間根據這種全方位取向哲學運作的醫院，專門治療腦損傷的軍人。有數以千計的軍人在那裡接受過治療。後來，戈德斯坦因為其猶太人的身分而不見容於納粹，被迫離開德國。不過，在他當住院醫師早期，他已經見識過此生中最奇特的病例。

該病人是一名五十七歲的女性，兩年前曾經中風，左手臂因而癱瘓。一段時間之後，左手臂恢復活動能力，但卻出現了奇怪的併發症：她的左手看似有了獨立意志。有些時候它明明白白和她唱反調，另一些時候則是頑強地干涉她用右手進行的活動。她形容她的左手「自行其是，為所欲為」。①當她要用右手拿一杯飲料時，她的左手會搶過杯子，倒掉飲料。當她晚上躺下要睡覺時，左手會把床單扯掉。有一次這隻手甚至掐住她的脖子，想要把她掐死！

戈德斯坦知道有其他左、右手互相衝突的病例，但都沒有這個女病人的情況如此極端。她的左手是那樣不受控制，她開始相信它是被惡靈附身。

戈德斯坦絞盡腦汁要解釋這個現象。最後他斷定，女病人的行為必然是因為腦子內部的溝通受到擾亂，大概是因為右腦的感官區及運動區無法和左手臂的活動協調（右腦通常是控制左手臂的活動）。不過總的來說，這個病例還是讓年輕的戈德斯坦備感困惑。

此後，出現了數以百計類似的病例。在很多這一類病人中，他們其中一隻手看來特別叛逆，就像婚姻不快樂的妻子遇到丈夫說什麼都要反駁。例如，有一個病人每次給襯衫扣上鈕釦，另一隻手就會堅定地解開鈕釦。如果他拿起一本書來讀，空著的手就會突然把書搶過去，啪一聲把書砸在桌上。當他用叉子把食物送到嘴巴，那隻壞心眼的手會把叉子搶過去，扔得遠遠。有時這隻手還會變得暴力，攻擊患者本人或附近的其他人。

這種現象後來被稱為**異手症**（alien hand syndrome），這是因為那隻怪手的意圖是如此難猜透，常常讓病人難以相信手的活動是出自他們腦袋的命令。他們感覺自己和那隻手不相連結，有時，唯一能夠讓他們相信這隻手仍然是身體一部分的，是看見它連在身體上。事實上，如果你矇上病人的眼睛，然後讓他們的「異手」按上述的方式行動，他們常常會以為是別人的手在作怪，而不是他們自己的手所為。

異手症很罕見，通常被認為和某種腦損傷有關——要麼是中風之類導致的突然損傷，要麼是阿茲海默症之類導致的漸進性退化。通常，受損的部分被認為是制止不想要的運動的大腦部分，又或是讓兩個腦半球可以溝通以協調肢體活動的大腦部分（每個腦半球主要是控制身體另一邊的手）。所以，即使戈德斯坦未能清楚理解異手症的機制，但他的猜測雖不中亦不遠矣。

第一次讀到有異手症這回事時，我是個大學生，修了一門談到一些神經科學基本知識的心理學課程。那是我第一次真正接觸大腦研究，而異手症讓我瞠目結舌。我不只以前從未聽過這種疾病，也完全無法想像大腦能夠產生出那樣不尋常和反直覺的行為。我為之著迷。我不能說我就是在**這一刻**決定要研究大腦，但它斷然讓我想要多瞭解這個神祕得不可思議的器官。不多久之後，我就決定攻讀神經科學博士學位。但在為大腦癡迷這件事情上，我絕不孤單。到了我開始全時間研究它的時候，神經科學已經到達風靡大眾的程度。

有少數人（例如科學迷和神經科學家）當然總是對大腦深感興趣，但神經科學在一九九〇年代和二〇〇〇年代卻爭取到了更廣泛的注目。在一九九〇年代，新的神經成像技術（指任何可以讓科學家製作大腦影像的方法）讓人們第一次製作出腦部活動的影像，而這些彩色影像同時激起科學家和一般大眾的好奇。另外，在一九九〇年代，設計來影響腦功能的抗憂鬱藥物在醫學治療中變得異常流行，讓操縱腦部以治療精神失調的可能性一派樂觀，或者僅僅是讓我們過上盡可能最快樂的心靈生活。新的技術成就也許諾著未來更驚人的進步。

這些發展促進了對於神經科學的熱情。人們開始明白，如果我們人格的基礎和我們行為的理由可以追溯到大腦，那麼理解我們自己的最好方法也許就是透過獲得更多有關大腦如何運作的知識。突然之間，學習精神科學蔚為時髦。

不過，新誕生的大腦迷們很快就意識到，有關大腦的精確資訊不是那麼容易獲得。很多精神科學著作的程度都太深，不是一般人所能瞭解——甚至不是新入行的神經科學家所能瞭解。雪上加霜的是，那些專為大眾而寫的東西有時會適得其反：把事情太過簡化以致未能精確道出腦的樣貌或功能。出現在大眾媒體的資訊往往譁眾取寵，讓讀者對精神科學真正能夠做到些什麼有所誤解。

我寫這本書的目的，是為了滿足各位想多瞭解大腦的興趣，並且不走向太深奧或太簡化的極端。本書是為沒有精神科學背景的讀者而寫，事實上甚至不要求讀者有任何科學背景。同時，我也設法避免那種會讓人對大腦有不精確或不完整瞭解的過度簡化說法。我努力呈現當前神經科學研究令人興奮的發現，但也不誇大它的成就或潛力。

本書分為十章，每章介紹一種不同的腦功能。在解釋這些功能的過程中，我會提供各位對大腦運作的基本瞭解，介紹一長串的腦區和機制等等。待讀罷本書，各位將擁有足夠的神經科學背景知識，從而能夠閱讀介紹新發展的著作，和朋友聊腦功能，也許甚至能更好地理解各位所做的一些事情背後的理由。

即使如此，神經科學終究是一門範圍廣大的學科，雖然我們對於大腦已經明白了不少，但它有更多東西是我們還無法解釋的。所以本書必然只是一個導論，不是對大腦裡裡外外一個詳盡無遺的嚮導。事實上，我希望本書可以讓各位對大腦所做的有趣、古怪和神奇的事情有足夠思考，以致在讀畢之後會比剛開始有更多的問題。因為這些問題將會促使各位繼續學習神經科學。不過，即使各位為所有這些問題找到了答案，你們對於大腦不明白的事情仍然比明白的事情多上幾倍。事實上，完整解釋大腦不太可能是我們有生之年可達成的壯舉。即使是最偉大的神經科學家，對於大腦究竟如何運作仍然只是略知一二。

不過，本書理應能夠幫助各位更明白腦殼內那三磅重的起皺物質的特徵和怪癖。大腦遠遠談不上完美，但它有一種無可匹敵的能力，可以把很多分派給它的工作做好。這是有人會把人生投入於教導別人認識大腦的眾多理由之一：我想不出來世界還有什麼事情比這更有趣，更值得我花時間去談論和為文介紹。

第1章
恐懼

Fear

愛荷華大學的研究人員是在一九九〇年代初期第一次接觸到ＳＭ（使用姓名縮寫是為了保護她的隱私）。他們形容這位三十歲的女子智力中等，個性開朗。雖然這種形容平凡無奇，但大學的科學家們卻對ＳＭ的一個奇怪缺陷深感興趣：她無法判讀別人臉上的情緒。對於恐懼來說特別是如此：ＳＭ就是無法從別人的臉上表情看出對方感到害怕。①

對大部分人來說，憑別人臉上表情判別對方的情緒是一種自然能力，是一種我們在幾乎所有社會互動中都極端倚重的技巧。因此研究人員對ＳＭ的這項缺陷深感好奇，說服她參加一些測試。很快地，他們明白到她的問題顯然比讀不懂臉部表情還要深切。在在看來，恐懼是一種她完全陌生的情緒。

我們可以用ＳＭ在接觸愛荷華大學科學家前不久碰到的一件事作為例子。某晚大約十點，她在回家途中走過一個毒品和罪惡充斥的地區（這種地區會讓很多人在晚上即使開車經過都會感覺不自在）。當她行經公園時，一個被她形容為「狀似剛吸過毒」的男人從一張長凳上把她叫住。

我們大部分人碰到這種情形，都會低下頭，繼續往前走（八成會走得比原來快一點）。不過ＳＭ不疑有他地走向那個男人。她靠近之後，他突然跳起來，揪住她的襯衫，把她甩到長凳上。然後他拿出一把刀抵住她的喉嚨，咬牙切齒地說：「我要宰了妳，婊子！」

如果和SM易地而處，你會是什麼感覺？換成是大部分人，這時候一定會心跳加快，呼吸變急和變淺，頭腦被恐慌淹沒。

但SM完全不是這個樣子。對於那個男人的威脅，她只是說：「如果你準備殺我，你必須先穿過我的上帝的天使那關。」大概是因為被她的鎮定反應嚇倒，又或許他本來就沒有想要對SM怎樣，那男人放她離開。她繼續以悠閒步伐走回家，就像沒有什麼特別驚心的事發生過。她是有憤怒的感覺，但沒有感到恐懼。②

SM沒有魁梧體格，也不是因為受過任何特殊武術訓練讓她能夠在被人用刀子抵住喉嚨時仍然處變不驚。但恐懼看來不是她的情緒組成之一。她記得兒時也曾有害怕的時候，但長大之後完全不懂得害怕。③

科學家們用了好些方法想要引起SM的恐懼情緒，有些方法符合科學慣例，有些不太符合。例如在聽說她不喜歡蛇和蜘蛛之後，研究人員把她帶到一間珍禽異獸寵物店，讓她和一批滑行的生物共處。但SM不但不覺得害怕，反而不斷要求讓她把蛇握在手裡，不理會別人告訴她這些蛇很危險。她甚至想要觸摸一隻狼蛛（這種事連我們

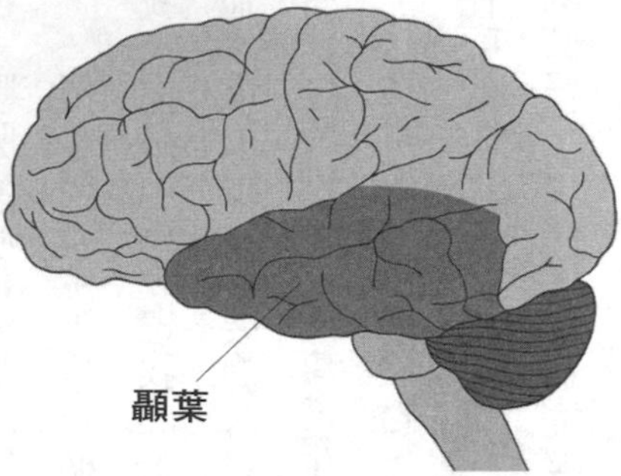

之中沒有蜘蛛恐懼症的人大概也會怕怕）。

研究人員又把SM帶到肯塔基州路易斯維爾（Louisville）韋弗利山療養院的一間鬼屋，那裡是美國靈異迷公認最讓人毛骨悚然的地方之一。雖然我們很多人大概都能夠毫不害怕地走在一間鬼屋裡，但那些穿著鬼怪服裝從幽暗角落跳出來的人至少會嚇你一跳，我們之中一些人甚至會小聲尖叫。但SM在鬼屋裡四處走動時都是面帶微笑，又常常對著那些企圖嚇她一跳的「鬼」發笑。她甚至碰了碰一隻鬼的頭，想知道鬼怪服裝穿起來是什麼感覺。

最後研究人員讓SM看了好些恐怖電影，例如《七夜怪談西洋篇》（*The Ring*）和《厄夜叢林》（*The Blair Witch Project*）等。她覺得這些電影有娛樂性和刺激性，但不嚇人。在觀看六部被歸類為恐怖片的電影的過程中，她流露出害怕反應的次數為：零。

因為沒有能力體驗恐懼，ＳＭ成為了今日最知名的醫學奇珍之一。現年五十歲中旬，她過去二十五年來受到密集研究，希望可以藉由她讓我們明白健康的人會害怕的原因。

不過有一件事情對於瞭解ＳＭ的病症極為關鍵：她還患有一種很罕見的遺傳性疾病，稱為「皮膚黏膜類脂沉積症」（Urbach-Wiethe disease）。「皮膚黏膜類脂沉積症」通常並不致命，但是會損害大腦，特別是損害太陽穴附近的大腦部位。該部位被稱為**顳葉**（temporal lobe）。顳葉深處是一個稱為**杏仁核**（amygdala）的區域，而這個區域對於瞭解恐懼情緒也許具有關鍵性，因為ＳＭ就是少了杏仁核。

大腦裡的杏仁

杏仁核之所以叫杏仁核，是因為它的樣子有一點像杏仁。你看著大腦表面的時候看不見它，需要一把解剖刀和一些技巧才能見著。

事實上杏仁核是一對，兩邊的顳葉各有一個。就像大腦的很多其他部分那樣（大腦是兩個大致對稱的腦半球構成），杏仁核是神經科學用單數名詞來指成雙結構體的奇怪習慣的受害者。

每個杏仁核被認為包含著大腦約八百六

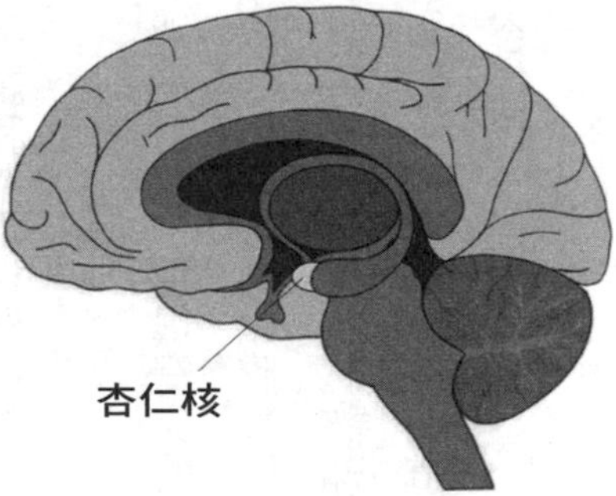

十億個神經元的其中一千兩百萬個④（神經元是大腦的基本建材）。儘管如此，杏仁核並不是一個觸目的結構體。在十九世紀初期以前，它甚至不被認為是一個腦區。

然後，又要等到二十世紀中葉，科學家才開始把杏仁核和某些腦功能聯繫起來。不過自此之後它便聲名大噪。

猴子、麥斯卡林和杏仁核

一九三〇年代，德裔美國心理學家克魯爾（Heinrich Klüver）愛上了致幻藥物麥斯卡林（Mescaline）。麥斯卡林是從美國西南部和墨西哥一種稱為烏羽玉（peyote）的土生小仙人掌提煉而成，其效果很多方面都類似迷患藥。麥斯卡林會讓克魯爾發生興趣，是因為它可以產生鮮明幻覺。不過，他的熱忱看來不只是出於醫學專業：他做實驗的方法常常是給自己服用這種藥物。⑤

隨著他對麥斯卡林的探索持續進行，克魯爾開始好奇這種藥物影響的是大腦的哪個部分。他猜是顳葉。這是因為他注意到，給猴子注射大劑量麥斯卡林的話，會讓猴子產生類似顳葉癲癇的症狀的副作用——這種癲癇是顳葉引起。

為了測試這個假設，他找來一個年輕的神經外科醫師布西（Paul Bucy），讓他切除猴子的一部分顳葉。克魯爾的想法是，如果顳葉是麥斯卡林發揮效力所必需，那麼切除顳葉就會讓這種藥物失效。他有所不知的是，這個實驗將會讓他的名字出現在今日的每一本神經科學導論性教科書。

克魯爾和布西的第一個實驗對象是一隻侵略性強的猴子，名叫「極光」（Aurora）。布西切除了「極光」左、右顳葉的大部分。之後，兩位科學家對於「極光」出現的行為改變感到震驚。突然之間，這隻野性和難駕馭的猴子變得乖巧順服。牠表現出一系列不尋常的行為，但最突出的是牠不再會憤怒或恐懼。當克魯爾和布西發表這個研究結果⑥，它成為了第一個把顳葉和強烈情緒關連在一起的知名研究。⑦顳葉受損引起的效果後來被稱為「克魯爾—布西症候群」（Klüver–Bucy syndrome）。

二十年之後的一九五〇年代，英國神經心理學家魏斯克蘭茨（Larry Weiskrantz）發現，只是切除猴子的杏仁核一樣可以複製克魯爾和布西看見的很多效果。⑧歷來第一次，這個本來寂寂無名的腦區受到了研究者的關注。

魏斯克蘭茨認為，杏仁核也許對於讓猴子知道一件事情是好是壞非常重要——這種觀點和現代神經科學家一致。不過之後的很多科學家忽略了杏仁核和正面情緒的關連，主要專注於負面情緒。有一種情緒特別被愛拿來和杏仁核拉在一起：恐懼。

瞭解恐懼

很多可證明恐懼和杏仁核有關的證據來自對被稱為**恐懼制約**（fear conditioning）的學習（Learning）的研究。這些實驗設法把研究對象（通常是老鼠）不認為是好或壞的東西（如嗶嗶聲響），連結於老鼠認為是絕對不好的東西（如輕微電擊）。方法是在給老鼠一點點電擊以前反覆播放嗶嗶聲響。

如果你這樣做的次數夠多，那麼到最後，每次嗶嗶聲響起，老鼠就會流露出害怕跡象（不管有沒有緊接著給牠電擊都是如此）。讓一個本來中性的刺激越來越能引起反應，這過程稱為**制約**。制約是透過學習，把本來在心靈裡無甚關係的兩件事情連結起來。由於在我們目前的討論中，這種學習涉及恐懼反應，因此這個過程被稱為**恐懼制約**。

當科學家開始研究杏仁核在恐懼制約的作用時，很多人得到類似結果：杏仁核或它連接到大腦其他部分的神經路徑如果受損，有關恐懼的學習就會被擾亂。⑨例如，如果你破壞了老鼠的杏仁核，然後設法要讓牠認識一個危險的信號，牠們將學不會這種連結。不管你多少次在電擊老鼠之前播放嗶嗶聲，老鼠在聽到嗶嗶聲之後都不會有害怕反應。

其他以杏仁核完整的老鼠所做的研究顯示，在嗶嗶聲響起時，杏仁核神經元會更加活躍。⑩然後，以人所做的研究也有類似結果：當人在學習害怕什麼時，杏仁核會介入。⑪各種證據都顯示，杏仁核在學習恐懼一事上有其角色。它看來可以幫助我們創造記憶，讓我們認得這世界上有潛在危險性的事物。

杏仁核作為威脅偵測器

所以我們已經肯定，杏仁核在**學習**恐懼一事上扮演關鍵角色。但在**經驗**恐懼一事上又如何？它有助於產生恐懼情緒嗎？證據顯示答案是肯定的。當我們光是面對某些威脅時，杏仁核就會變得活躍，另外，透過創造我們經驗過的可怕事物的回憶，它幫助我們在一開始便辨識出威脅和做出反應。⑫

對於可怕事物的典型反應，是所謂的「打或跑」（fight-or-flight）反應。理由很簡單。當你碰到有威脅的事物時，身體會反射性地讓你緊繃起來並充滿精力，讓你可以起而戰鬥或轉身跑掉。這一類反應在史前時代應該相當重要，因為那時候我們最常遇到的威脅都是生死攸關（例如被獅子追趕）。因為「打或跑反應」能夠在這些處境中幫助我們的身體用一種自我保存（self-preserving）的方式來行動，它也幫助我們的物種渡過危機四伏的歲月，存活了下來。

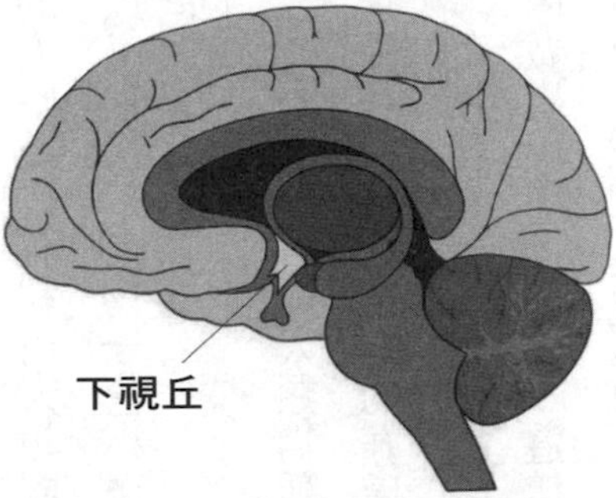

在啟動「打或跑反應」一事上，杏仁核可說扮演核心角色。這個過程在人體接收到感官（例如眼睛）傳來的環境資訊時展開。當附近有什麼潛在危險性或威脅性，杏仁核的神經元就會發送信號給大腦其他部分，讓這些部分使得你充滿能量、警戒和恐懼。例如，杏仁核的神經元會去到另一個稱為下視丘（hypothalamus）的結構體（那是大腦中一個小而複雜的部分，可以透過控制激素的釋放量改變你的身體狀態），指揮心跳和呼吸的加速。你的瞳孔會擴大，你的肝臟會開始分泌更多葡萄糖，而那些對當前一刻並不重要的活動（例如分泌口水以消化食物）則會受到抑制。

所有這些生理變化都是有道理的。它們是要確保高含氧量、肌肉準備好收縮、身體有供活動的足夠能量（採取葡萄糖的形式）、瞳孔因為有夠多的光進入而看得清楚環境的重要特徵，以此為你的身體準備好戰鬥或逃跑。

這是一種複雜的反應，發生的速度快得不可思議，可以幫助我們應付種類繁多的危險。但不幸的是，大腦對於什麼事情才是真正危險和有必要啟動「打或跑反應」並不是非常有鑑別力。我們大部分人其實都沒那麼經常碰到需要打或跑的威脅。但我們的大腦並沒有利用人類歷史現今這段相對和平的時期來放鬆它偵測威脅的能力。代之以，它常常因為一些小摩擦甚至只是我們的焦慮思想，就讓我們以「打或跑反應」來回應。

不過，自從人類物種誕生以來，「打或跑反應」就是我們生存技術的本質部分，這讓我們被迫把它的好處和壞處一起收下。事情本來有可能更糟糕。當運作良好時，我們的威脅偵測機制讓我們能夠馬上偵測出任何也許有危險性的東西，並在幾秒鐘之內做出反應。不過，這樣的能力雖然厲害，但杏仁核還有一個更厲害的特徵：它看來可以在我們甚至還沒有意識到危險之前就偵測到威脅並啟動「打或跑反應」。

在知道危險之前害怕

想像你對蜘蛛有著強烈恐懼（這對大多數人來說不難想像）。又想像你走入一個又冷又黑、布滿蜘蛛網的地下室。電燈壞了，所以你用手電筒來照明。當手電筒光束照在地板上的時候，你赫然看見一隻直徑六英寸的大蜘蛛正向你爬過來。

如果你是害怕蜘蛛的人（即使你不害怕蜘蛛也一樣），這個發現大有可能引發你的即時反應。你十之八九會大叫一聲，然後轉身就跑。又如果你像我一樣笨手笨腳，大概會絆倒在樓梯上。與此同時，上述提過的生理變化會出現在你的身體上：心跳加快，呼吸變急促，瞳孔放大，等等。有理由相信（但不是十拿九穩），這些反應是杏仁核的活動所引發。

如果有人要你按前後順序描述這事件過程中發生在你大腦裡的事情，你大概會認為，在你感到害怕之前，必然是看見了地下室的地板上有一隻蜘蛛。不然你又怎麼懂

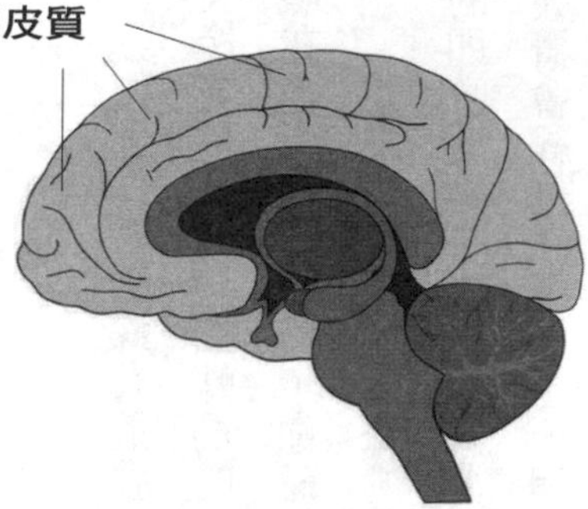

得要害怕？

不過有一些研究顯示，杏仁核有可能在我們還沒察覺到有什麼潛在危險之前便已啟動恐懼反應。[13]為了說明這一點，讓我介紹大腦的另一個部分：**大腦皮質**（cerebral cortex），常常簡稱為皮質。皮質是大腦的表面一層（最厚處約四・五公釐），所以也是我們通常看見的大腦部分。皮質的組織有很多皺褶，讓大腦表面布滿溝和脊。所以皮質是讓大腦有著蠕蟲外觀的部分。

「皮質」一詞源自拉丁文，意指樹皮。早期的神經解剖學家採用這個稱呼，是因為在一開始，皮質被認為不過是一個外殼，用以包覆大腦更重要的區域。不過，今日廣泛認為皮質對於很多高級的認知活動（例如下決定、記憶、判斷、計畫、解決問題等），以及從感官知覺到運動等等其他很多功能都很重要。

當你和環境中的大部分東西接觸時，眼睛接收到的視覺資訊會被傳送至皮質的視覺處理區域。皮質會幫助你辨認四周有什麼值得注意的東西，然後傳送資訊到多個不同的腦區，幫助你協調出一個反應。例如，如果附近有什麼看來特別兇險，皮質就可以向杏仁核之類的區域發送信號，促使它激發上述提到的一些路徑（例如通到下視丘的路徑），去啟動「打或跑反應」。

以這種方式，皮質扮演一個整合的角色，可以辨認出環境中有需要注意的事情以及組織處理這些事情的行動。這個在皮質發生的過程也被假定為主要是有意識的：當視覺資訊到達皮質和皮質辨認出有什麼值得注意的時候，我們已經察覺到該事物的存在。

不過，在上述碰到蜘蛛的假想中，還有另一條可用的路徑，能夠在皮質未接觸到視覺資訊前便先把視覺資訊傳送到杏仁核。因為視覺資訊沒有經過皮質的處理，所以我們無從知覺得到。不過杏仁核仍然有能力對於環境中有潛在威脅性的事物做出反應。所以，它仍然能夠觸發「打或跑反應」，甚至能夠促使你以最基本的方式回應，例如大聲尖叫或往反方向跑去。

當然，即使在後一種情形，皮質最後還是會收到視覺資訊，只是比較慢一點（這裡的「慢一點」是慢**非常**的少：杏仁核被活化的時間也許只比皮質早零點幾秒）。事實上，一切發生得是那麼快，你甚至意識不到在知道有什麼值得害怕之前，恐懼反應已經啟動。

控制你的恐懼

當你經驗到「打或跑反應」時，你的大腦常常會透過擴大你的恐懼感和危險感來對心跳加速之類的生理訊號做出回應。它意識到心跳會因為四周有危險事物而加速，所以會利用心跳加速來確認環境中存在著危險。（這當然是一種循環論證，因為心跳加速一開始就是由大腦自己引起——但你的大腦常常就是這麼不合邏輯。）這樣可以產生一個惡性循環，讓「打或跑反應」和恐懼不斷互相增強。準此，一個可以控制你的恐懼的方法就是想辦法讓身體冷靜下來。深呼吸、正念靜坐和其他放鬆技巧可以保持身體的沉著。這些方法讓你更能夠達到一種心靈平靜狀態。

為什麼我們的大腦要用這麼快速的方式處理恐懼，乃至於讓它一些最重要部分甚至還不知道有事情需要害怕？再一次，這是有關生存，但不是有關我們在今日的生存，而是有關我們古代靈長類祖先的生存。在史前祖先的時代，有能力在看見一條蛇竄過來時不假思索地往後跳，也許是關乎生死的。能夠這麼快速辨識威脅的人更有可能生存下來。又因為更有可能生存下來，他們也更有可能繁殖後代，產生出和他們有類似特徵的子孫——也就是有能力迅速偵測出威脅的子孫。

「恐懼中樞」

隨著杏仁核在學習恐懼、偵測威脅和啟動適當反應等多方面的角色變得明顯，有些研究者開始把它視為「恐懼中樞」（fear center）。

這種看待杏仁核的方式甚至從科學社群傳入了大眾文化。例如在電視影集《波士頓法律風雲》（*Boston Legal*）二〇〇七年的其中一集，一名警察被控射殺一個手無寸鐵的黑人（他把黑人手上的汽水誤認為一把槍）。⑭幸而，一位專家分析了被告的杏仁核在看到不同人種的照片時的活動情形（使用稱為「功能性磁振造影」〔fMRI〕的神經成像技術，這種技術可以將腦部活動影像化）。根據這種證據，專家宣稱他「極端確定」被告是種族歧視者，因為他的杏仁核在他看到黑人照片時更加活躍（事實上，這類神經影像證據不可能證明該專家的說法，也應該不會被法庭接受成為證據）。

另一個杏仁核找到路進入主流的例子是二〇一五年的電影《美國隊長：英雄內戰》（*Captain America: Civil War*）。在其中一場戲，仿生人「幻視」（Vision）和緋紅女巫「汪達」（Wanda）談到後者想要加入「復仇者聯盟」的事。因為雙方本來是對頭，「復仇者聯盟」難免會對「汪達」有一點點不信任。「幻視」向她指出：「他們的杏仁核有不由自主的反應。他們不能自已地害怕妳。」⑮

所以，杏仁核在腦區中佔據一個有點特殊的地位，因為很少有腦區能被非科學社群如此熟悉。不過，認為杏仁核是專門處理恐懼或所有恐懼都是由它處理的看法並不真確。

除恐懼之外

當我們說大腦有一個恐懼中樞時，言下之意是該區域專門製造恐懼情緒，所有恐懼都可追溯至它。但是現在有很多證據顯示，杏仁核除了產生恐懼情緒，還有很多其他功能。

例如，雖然杏仁核會在我們創造恐懼記憶時被活化，它還會學習一些正面的東西，例如學習在實驗中贏得獎賞或服用某種成癮藥物的感覺。因此，就像有實驗發現杏仁核的受損會干擾對負面事情的學習，其他實驗也發現，這種受損會破壞創造對美好事情的記憶的能力。⑯

所以，今日的神經科學家相信杏仁核扮演的角色要更複雜，而不僅僅是威脅偵測器和恐懼產生者。據推想，它能夠評價環境中的事物，決定它們的重要性（決定它們具有正面還是負面價值），指揮大腦不同部分對引起我們注意的東西做出情緒反應，同時也形成對它們的記憶。因此杏仁核似乎涉入任何輸入（import）的事物的經驗，而不只是那些會促進恐懼的經驗。

尤有甚者，杏仁核甚至不見得是讓人經驗恐懼所必需。記得那位不能感覺恐懼的SM小姐嗎？研究人員經過多年想要引起她的恐懼情緒未果，終於在二〇一三年取得成功。事實上他們也**太**成功了一點。他們所做的事不只讓她害怕，還讓她出現全面的恐慌發作（panic attack）。⑰

這恐慌來自呼吸含有三五％二氧化碳的空氣。二氧化碳通常讓人感覺無法呼吸，這就不奇怪它會引起恐懼和恐慌反應。但由於SM對其他潛在的可怕經驗無動於衷，研究人員當初便預期她對吸入大量二氧化碳也不以為意。

科學家進而對兩個杏仁核受損的病人進行相同實驗，他們也同樣恐慌發作。這表示即使沒有能運作的杏仁核，人們也至少能夠感受到某些種類的恐懼。

自從SM的病例首次公開之後，杏仁核受損但保留感受恐懼能力的個案陸續出現。例如，有一份二〇一〇年發表的報告談到，有一對雙胞胎因為「皮膚黏膜類脂沉積症」而導致杏仁核大範圍受損。⑱然而，雖然雙胞胎其中一人就像SM那樣對恐懼無感，另一人卻擁有相對正常的恐懼意識。檢查後者的大腦時發現，在碰到恐怖經驗時（例如觀看一些恐怖人臉的圖片），這大腦的其他部分會被活化。在在看來，他的大腦使用了其他區域去完成通常分派給杏仁核執行的任務。

各式其他證據現在都表明，大腦有眾多腦區可以處理恐懼。這些腦區的其中一些似乎也可以做到杏仁核執行的工作（例如啟動「打或跑反應」），所以，恐懼不是杏仁核的專屬領域，而經驗恐懼也不是非有杏仁核不可。這意味著稱呼杏仁核為「恐懼中樞」有一點誤導性。

對恐懼的新觀點

事實上，大部分神經科學家已不再認為我們的大腦是由一些中樞構成，且每個中樞各有獨自的認知功能。代之以，他們體認到，複雜的功能是有賴分布大腦各處的神經元構成的巨大網絡的活動。大腦的任何一區都可以和很多網絡有關，也因此有著很多功能。另外，看起來大腦的很多不同部分常常可以執行相同的工作。

即使如此，在恐懼一事上，杏仁核仍然被認為是非常重要的結構體。它只是和大腦的許多不同部分協同地工作，對恐懼的處理似乎仰賴這種相互連接性，而不是光靠杏仁核本身。另一方面，大腦不需倚靠杏仁核一樣可以經驗到至少某些種類的恐懼，方法是仰賴其他腦區。「某些種類的恐懼」這個限定語是重要的，因為研究人員現在同樣相信，到底是由哪一個網絡處理恐懼，取決於是什麼事情引起恐懼。例如，害怕疼痛所活化的網絡，也許就不同於害怕一個行將攻擊你的人所活化的部分。

當然，這對於我們瞭解恐懼又增添一整層的複雜性，因為神經科學家現在不再認為大腦只有一個地方能處理恐懼，甚至不認為只有一批腦區可以處理恐懼。他們必須要為每一種類的恐懼找出一個不同的腦區網絡。但又有誰說得上來，恐懼有多少不同的種類？

多餘的恐懼

所以恐懼是複雜的。另外，它也有一點點讓人不方便。沒有人喜歡恐懼（除非你能夠完全控制它：像我們決定看一齣我們可以隨時停止播放的恐怖電影）。有時候，沒有恐懼的生活看似比較輕鬆。

但另一方面，恐懼又是一種極端重要的情緒。它是一種必要的警告，可以讓我們知道環境中有什麼不對勁，或有什麼東西對我們構成真正的威脅。想想看，有時候你會因為做某件事太危險而決定不做，事後又為這樣的決定感到慶幸。恐懼至少是做出這一類決定的部分理由，而能夠做出這一類決定非常重要——有時甚至可以救你一命。我們常說具有「健康的恐懼意識」很重要，理由在此。

蜘蛛、蛇和演化而成的恐懼

你可曾好奇，為什麼蛇和蜘蛛在今日對我們構成的威脅很小，但害怕蛇和蜘蛛的心理卻極為普遍？很多科學家相信，這一類恐懼在某種程度上是發自本能。根據這種觀點，雖然極少現代人是死於被蛇或者蜘蛛咬，但這兩種生物對於我們的古代靈長類祖先卻極為危險。我們的祖先中，有些對蛇和蜘蛛具有天生的恐懼心理。他們比較有戒心，不容易在不知提防的情形下被蛇和蜘蛛殺死。這種性格特徵遺傳了給後代，導致我們今日對蛇和蜘蛛有著近乎非理性的恐懼心理。

所以我們確實需要恐懼。但就像凡事大多以適度為佳一樣，過多的恐懼有時會引發問題，導致恐懼症，讓你對某一特殊事物產生強烈、非理性的恐懼，或是對很多不同事物感到焦慮，乃至於讓生命受到侵蝕的程度。有時，對可怕經驗形成的記憶會太強烈，讓人幾乎不可能把它們從腦中趕走。

一個例子是一名二十九歲的以色列男子諾姆（Noam），他是發生在耶路撒冷市中心一起恐怖攻擊的受害者。二〇〇八年七月二日，一個巴勒斯坦建築工人開著一輛前置式裝載機（一種前方有一個大鏟斗的建築用車輛），在馬路上攻擊其他車輛。他先是把鏟斗插入一輛載著媽媽和嬰兒的轎車，導致那個媽媽身首異處。接著，他又從側邊推擠兩輛公車，讓被困在車內的乘客兇險萬分。最後恐怖份子被射殺，但已經有三個路人死亡和三十人受傷。

諾姆是其中一輛公車的乘客，事發時他表現勇敢，幫助其他乘客下車後才逃走。他沒有受傷，卻不知怎地始終無法把這一創傷性經驗從腦中排除。此後，攻擊發生當時的畫面會出其不意地在他眼前閃過，他也會鮮明夢見攻擊的情景。在這些閃過的畫面和惡夢中，他能夠記得事件最小的細節。他會產生強烈的「打或跑反應」，讓他的心靈與身體同時感覺到自己正處在攻擊的最危急時刻。他開始有睡眠障礙，無法專心，變得像驚弓之鳥。最溫和的小驚奇都會讓他魂飛魄散。⑲

這是「創傷後壓力症候群」（post-traumatic stress disorder）的經典例子。「創傷後壓力症候群」是一種精神疾病，起因是當事人經歷一起創傷性事件之後，不斷在閃現的畫面和惡夢中重新經歷同一事件。記憶的反覆出現會促進消極情緒和症狀。有一些症狀和憂鬱症相似，例如感覺孤單、無法經驗正面情緒，以及把創傷性事件歸咎於自己等等。症狀還可能包括難以入睡和難以集中精神，總是煩躁、易怒或者有侵略性。

「創傷後壓力症候群」可造成極端擾亂性，約有一半的患者因此失能。研究人員仍然不知道「創傷後壓力症候群」的成因，但大部分假設都是以某種方式把它聯繫於杏仁核。這當然有可能是偏見導致：科學家知道杏仁核和恐懼有關，所以傾向於認為杏仁核是恐懼所引起的相關失調的原因。

即使如此，若是你用神經成像儀器觀察「創傷後壓力症候群」病人的大腦，會發現當病人接觸和創傷有關的東西（比如說照片或相關的陳述），他們的杏仁核會出現過度活躍現象。⑳事實上，他們的杏仁核傾向於對有關恐懼的事物（比如害怕的表情）過度反應。㉑

所以「創傷後壓力症候群」發生問題的部分原因可能出在杏仁核過度亢奮，認為過去事件的記憶就像原始事件一樣有威脅性。但杏仁核當然不是單獨反應。例如大腦有一個被稱為「前額葉皮質」（prefrontal cortex）的部分，被認為對於杏仁核的活動起著調節作用。「前額葉皮質」是位於大腦正前方的大腦皮質部分，據信它對歸給皮質的一些高級認知功能（例如判斷和解決問題）特別重要。另外，有些從「前額葉皮質」通向杏仁核的路徑被認為可以幫助杏仁核辨別出事物不構成即時的威脅。這些連接可能會構成一個機制，讓「前額葉皮質」在認為杏仁核活動不是必要時予以削減。

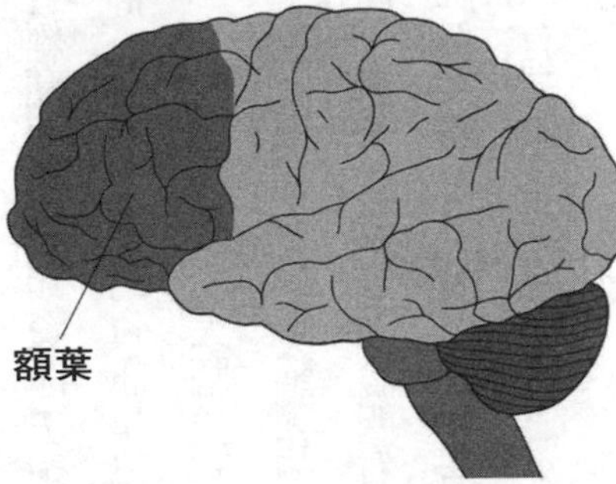

這機制在「創傷後壓力症候群」病人身上也許發生了故障。

還有一種意見認為，「創傷後壓力症候群」的原因在於病人在形成事件的原初記憶時，有哪裡出了差錯。情形就像他們的記憶形成得太好，創造出一個對創傷的活靈活現表象，每次回憶起來都細節分明，栩栩如生。這種病態性強記憶（strong memory）的形成常常被認為是神經傳導物質「去甲基腎上腺素」（norepinephrine）的作用。

神經傳導物質是神經元用來彼此溝通的化學物質。據信有超過一百種不同的神經傳導物質，但我們對它們大部分所知甚少。去甲基腎上腺素是一種我們所知較多的腦化學物質，已被認識的功能之一是幫助產生很多「打或跑」的生理反應。科學家們還相信，它可以刺激杏仁核，促進和情緒性事件（emtional events）關連的強記憶的形成。當一件特別激烈的事件發生，去甲基腎上腺素的活動就會增加，過度刺激杏仁核，導致它形成特別激烈的記憶。

因此，「創傷後壓力症候群」看來是大腦把本來只需表現普通的工作做得太好的情況。能夠回憶起創傷性事件的細節對求生是有價值的：我們的採集狩獵者祖先也許曾經利用這一類資訊去記住應該避開的動物、食物和地方。不過在「創傷後壓力症候群」，被記住的資訊早已失去了功用。

這是我們的大腦找到一種求生策略後卻不知變通的又一個例子。我們不是不可能主張，很多精神失調在剛開始時都是有益的行為。但我們的大腦卻有著孩子氣的傾向，對於在過去被證明有價值的方法死抓住不放，無法認識到它們的有用性已經大大降低。滿足於可以讓你活於一時的方法，有時無法意識到自己乃是用長期的心理健康（有時還是生理健康）來換取短期的安全。

第2章
記憶
Memory

吉兒．派爾斯（Jill Price）年輕時不是什麼很特別的學生。高中時她大部分科目的成績都是C。她不喜歡理科，幾何學僅僅及格，對於記憶重要歷史事件的日期備感吃力（基於你馬上就會知道的原因，這一點特別讓人意外）。「我不是天才，書念得十分吃力。」她說。①但如果你問對問題，又會覺得她是天才。如果你在一九八〇年（吉兒當時十四歲）至今日之間隨便選出一天，她可以告訴你那一天是星期幾、發生過什麼值得注意的歷史事件，並完整報告她當天做過什麼事（有時還包括晚餐吃什麼之類的雞毛蒜皮瑣事）。神奇的是，所有這些資訊都是直接來自她的腦袋。

例如，如果研究人員給她一九九四年四月二十七日這個日期，她會回說：「那天是星期三，我去了佛羅里達州。我去那裡是要跟祖母道別，大家都認為她要死了……我是在二十五日前往佛羅里達州。尼克森是上週末去世。」經過查對，那一天確實是星期三，不過尼克森卻是死於四月二十二日。研究人員考了吉兒數十個日期，而她對每個日期發生過的事都能娓娓道來。她是怎樣做到的？難道她除了背誦自己的日記和大事年表以外，還背誦了日曆？這是很多人第一次看見吉兒展示的本領之後都有的懷疑。因為除此以外，沒有別的可能解釋。不過，她卻能夠讓世界一些最知名的記憶研究者相信她對往事確實具有驚人記憶力，相信這種記憶力不是刻意為之，甚至是不能自己。

她是十二歲左右第一次發現自己對往事的回憶異常清晰。自十四歲起，她對每一天都有細緻鮮明的記憶，而且不費吹灰之力。為什麼這種異乎尋常的記憶力開始於一九八〇年並不清楚，但從那個時候起，她的記憶力便是自動化：「給我一個日期，我就可以看見它。我會回到那一天，看看發生過什麼事和我做過什麼。」②

吉兒在二〇〇〇年代早期寫電郵聯繫知名的記憶研究者麥高（James McGaugh），談她的記憶能力。在麥高和同事發表了一篇論文描述她高度不尋常的狀態之後，其他人也站出來，表示自己有相同情況。後來，這種情況被稱為「高度優異自傳式記憶」（highly superior autobiographical memory），而研究人員至今還不完全明白其成因。

雖然「高度優異自傳式記憶」看似是恩賜，卻常常讓吉兒備感苦惱。「我的記憶控制了我的人生。我稱它為負擔。我的一生每天都會在我的頭腦裡跑一遍。」③吉兒的個案代表了記憶對當事人構成不利的極端情境。不過一般來說，記憶是一個健康、運作良好的大腦的本質部分。畢竟是我們的記憶定義了我們是誰，導引著我們每天的行動，也和我們對人生的整體滿意度有很大的影響。因為記憶是意識的基本部分，這使它成為神經科學熱烈研究的一個領域。

記憶的基本事項

心理學家和其他記憶研究者從很久以前便知道，大腦在我們的日常生活中使用不同「類型」的記憶。對記憶最簡單的分類方式應該是把它分為兩大類：**長期記憶**（long-term memory）和**短期記憶**（short-term memory）。

當我們遇到一些新的資訊，大腦會記住它們一段短時間（大約三十秒或更少）。這就是短期記憶。在大腦記住資訊的這段時間，我們可以利用資訊來完成工作或者對它做某些事（例如複述或做筆記），以便可以稍後再使用。例如，在餐廳裡點餐之後，你可以用短期記憶來記住你點了哪些東西，等著侍者把餐點端來。如果像我的話，還必須把菜單再看一次，提醒自己剛剛點過什麼。因為進入短期記憶的資訊如果不馬上使用就會消失。

怎樣成為一個記憶冠軍

你希望擁有超強記憶，讓你可以成為「世界記憶冠軍」嗎？（不錯，「世界記憶冠軍」節目正當紅）。有一個記憶方法就像古希臘人一樣古老，也是世界記憶冠軍們的最愛。此法稱為「位置記憶法」（mothed of loci）。使用它的時候，先在腦海裡創造一個你熟悉的地方（例如你房子的一個房間）的心靈映像，然後把想要記住的各種事物放在房間的不同位置上。例如，如果你想記住購物時要買蘋果，就可以將門把想像為一個蘋果。你會驚訝地發現，這方法可以讓你輕易記住一張購物清單或做事清單。世界記憶冠軍們也用它來記住其他事情，例如僅僅二十一秒鐘內就記住一副撲克牌每張牌的先後順序。

可以維持幾日、幾星期甚至一生的記憶屬於長期記憶。本章關注的主要是這種記憶，因為當大多數人談到記憶的時候，十之八九指的是這種記憶。它們為我們提供了應付日常生活所必需的參考架構、自我認知與知識。

短期記憶和長期記憶的區分相當知名，但記憶研究者還提出了其他類型的記憶。

例如感覺記憶（sensory memory）是一種消失得非常快的記憶，維持的時間僅僅足夠讓大腦從感官資訊中提取出相關的資訊。

雖然你也許沒有意識到，但有一個證明感覺記憶存在的方法你可能非常熟悉。這個方法就是，在一個黑暗的空間裡揮動仙女棒或者其他小發光體。當仙女棒來回擺動時，你會看見它迅速消失的光影。這些光影不是由任何物理現象引起。事實上，它們並不存在。它們是你的感覺記憶的展現，是你對仙女棒在零點幾秒之前所在位置的記憶。

很多記憶研究者現在還相信有一種比短期記憶要長、但比長期記憶要短的記憶。稱為**中期記憶**（intermediate-term memory），這類記憶是你儲存在頭腦裡超過三十秒的資訊，但它們不太可能維持幾星期或幾年。例如你大概能記得今天早上吃過什麼早餐，但我不預期你會記得一年前的早上吃過什麼（除非當時發生了很不尋常的事件）。

研究者還按照你記住的資訊的類型分類記憶。在這方面，最常見的區分是**陳述性記憶**（declarative memoey）和**非陳述性記憶**（non-declarative memoey）。陳述性記憶由資訊的記憶構成。這些資訊可以是純粹事實性（例如世界有七大洲），也可以是自傳性

（例如父母在你十六歲生日當天給你辦了一個驚喜派對）。

非陳述性記憶由不自覺引導著行為的記憶構成。綁鞋帶、刷牙、騎單車都可以包含在這個範疇。你的大腦明顯有怎樣做這些事的記憶，但這些記憶又不是在你做這些事的時候需要意識到。事實上，老想著事情要怎樣做，反而讓人做起事來礙手礙腳。

形成連結，製造記憶

大腦想要創造一個記憶，必須能夠製造**連結**（association）。換言之，它必須要有能力連結本來沒有連結的感官知覺、概念和情緒狀態（或這三者的任何組合）。又如果記憶要能夠持續且有用，那麼就必須做到即使只有最輕微的敦促，一樣可以讓連結被鮮明地回憶起來。

這些連結是在神經元的層次締造，而為了瞭解它們是怎樣形成的，我們必須先談一談神經元是如何彼此溝通。腦中的大部分神經元（即使是經常彼此溝通的那些）並不會彼此直接接觸。它們是被一個稱為**突觸間隙**（synaptic cleft）的微小空間分開。突觸間隙非常小，在兩個神經元之間只形成一個大約二十到四十奈米的空隙（人類一根頭髮的直徑大約是八萬到十萬奈米）。

要在突觸間隙之間互動，一個神經元會釋放神經傳導物質（這個神經元稱為「突

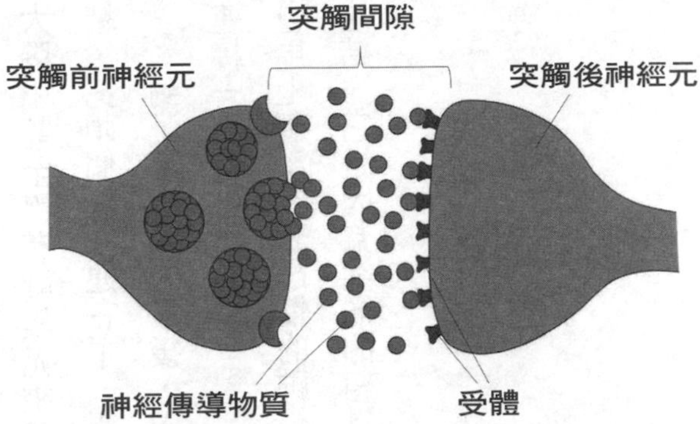

觸前神經元」，因為按照信息傳遞方向來說它是位於突觸前方）。這些物質越過間隙，連接到另一邊神經元（稱為「突觸後神經元」）上面、稱為**受體**（receptors）的蛋白質分子。當神經傳導物質附著在受體之後，它們就能夠影響突觸後神經元，讓它更有可能把信息傳遞到下一個神經元。

現在回到神經元之間是怎樣產生連結的問題。讓我們先用一種簡化的方式來說明。假定你大腦中的每個概念都是由一個神經元主管。例如你有一個神經元創造出杏仁核的概念，然後有另一個神經元代表恐懼的概念。

事實上這當然不是神經元在你頭腦中工作的方式。像恐懼這麼複雜的東西，涉及很多、很多的神經元。但我們暫且不管這個。

現在讓我們假定，在讀過本書的上一章以前，你心中的杏仁核神經元和恐懼神經元完全沒有連接。代表兩個概念的神經元在此之前甚至完全沒有彼此溝通（又或是你在讀本書以前根本沒有聽過杏仁核這東西，所以你的大腦中甚至沒有神經元來代表它）。但讀了上一章之後，你的大腦開始創造一個連結，把兩個概念連在了一起。

到了上一章的最後，兩個神經元開始「交談」起來。它們形成了一個新的「突觸連接」（synaptic connection），這會讓你每次看到杏仁核這個字時，代表它的神經元就會馬上刺激代表**恐懼**的神經元。換言之，兩個本來在你大腦裡沒有關係的概念產生了連結。它是因為突觸的組織的改變而形成。

記憶和海蛞蝓

就像我說過的，上述的說明是有關人腦如何運作的極為簡化的畫面。不過神經科學家已經明白到，記憶**有賴**創造新的突觸連接和強化既有的突觸連接。他們得到這個瞭解的方法是研究一種簡單得多的神經系統。在這種神經系統中，記憶的產生只是靠十幾個神經元的互動。

加州海兔（aplysia californica）是一種海蛞蝓，而大概讓人不驚訝的是，牠不是那種會觸發人去謳歌大自然之美的生物。牠脹鼓鼓而軟趴趴，大部分人都不會想去觸摸牠。但加州海兔在理解人類記憶是怎樣運作一事上扮演著關鍵角色。

加州海兔的神經系統相對簡單，只有大約兩萬個神經元（人腦有八百六十億個神經元，甚至鼠腦也有七千五百萬個神經元）。所以，海兔神經系統的規模讓它比較容易研究。但就海蛞蝓來說，海兔的體積相當大（成年海兔平均七英寸長，重超過兩

加州海兔

磅）⑤，而且有著動物界最大的神經元。這些神經元直徑一毫米，只比十美分硬幣的邊緣厚度少一點（反觀我們大部分的神經元都只有一根頭髮的零頭）。另外，海兔有能力創造記憶，這讓研究人員有一個簡化和容易研究的神經系統來觀察記憶的形成過程。

要明白這研究是如何進行，我們首先有需要知道一點點海蛞蝓的解剖學（我曉得各位讀這書不是為了知道這個，但我會儘量扼要）。海兔背上帶有一根腮（用來呼吸），腮由一片稱為套膜（mantle）的皮膚覆蓋，套膜末端有壺嘴狀的虹吸管，用以排出廢物（包括海水和糞便）。這是為了保證海兔不會把大便拉在自己身上。

當你觸摸一隻海兔的虹吸管，牠會出現反射動作，把虹吸管和鰓向後縮，就像我們的手觸摸到灼熱東西時那樣。不過海兔不是以一種快速方式後縮，而是慢吞吞而震顫地把腮收入身體。

如果你連續觸摸虹吸管好幾次，海兔的反應就會逐漸沒那麼激烈。牠開始認識到你的觸摸沒有傷害性。牠會形成一個記憶，把你的觸摸和沒有傷害性連結起來，這樣，牠向後縮的反射動作強度就會減弱。

不過，如果你在觸摸虹吸管時同時給牠施以一點點電擊，出現的情形就會相反。牠將學會你的觸摸是和疼痛連結在一起，這讓牠後來的反應更加激烈，即使沒有電擊也一樣。如果你觸摸和電擊海兔很多次，那麼牠就會一連幾天甚或幾星期對虹吸管被觸摸表現出誇張反應。也就是說，海兔已經創造出一個長期記憶，記住了你的觸摸有著潛在危險。

神經科學家對於海兔如何能夠創造這樣的記憶已經有了很好的瞭解。當牠最初對伴隨著電擊的觸摸發展出警覺時，負責偵測觸摸的**感覺神經元**（sensory neurons）和負責反射運動的**運動神經元**（motor neurons）的連結會變強。感覺神經元會在受到刺激時釋放出更多神經傳導物質，促使運動神經元做出更強反應。

在創造出長期記憶增加對觸摸的敏感度的幾星期之後，接著又發生了一些更重大的改變。這時候，海兔的感覺神經元在受到刺激之後不但釋放出更多神經傳導物質，感覺神經元和運動神經元之間的突觸連接的數目也隨之增加。這些新的突觸連接提供了感覺神經元和運動神經元更多潛在的溝通管道，讓這種溝通更加可能發生，也讓它在發生的時候更迅速且更有效率。這種促進神經元之間互動的突觸改變被稱為「長期增強作用」（long-term potentiation），它們讓突觸變得更強。據信，人類大腦在創造記憶時會出現同樣情形。

當來自特定突觸連接的輸入頻繁得不尋常時，我們大腦有大量數目的神經元有能力可以感知得到。這種頻繁性被認為是重要的，表示應該做出一個連結（例如事件之間、概念之間或甚至記憶之間的連接）。所以，當一個突觸的活動反覆出現，涉及其中的神經元就會啟動機制，去促進彼此之間的溝通。這就是「長期增強作用」。與海蛞蝓不同，我們的記憶通常涉及一個以上的簡單反射連結。我們的記憶包含感官經驗資訊、情緒狀態和個人背景等等。因此，它們常常是更大的網絡的產物。

儘管如此，「長期增強作用」仍然被認為是人類記憶形成的一個基本元素。這種作用看來廣泛出現在一個叫**海馬迴**（hippocampus）的結構體，而海馬迴對健康記憶極具關鍵性。

大腦中的海馬

海馬迴位於顳葉（顳葉是位於太陽穴附近的大腦部分），離大腦表層有相當距離。事實上，腦的兩邊各有一個海馬迴，所以我們不是有一個海馬迴，而是有一對。海馬迴是一束狹窄、C字形的腦組織，狀似海馬（這就是它得名的由來）。雖然在大腦中所佔的比例較少，但海馬迴卻在記憶的形成上扮演重要得不可思議的角色。

衡量海馬迴重要性的方法是看看那些因海馬迴受損而導致失憶的案例。在這方面大概沒有比韋爾林（Clive Wearing）更好的例子。一九八五年春天，韋爾

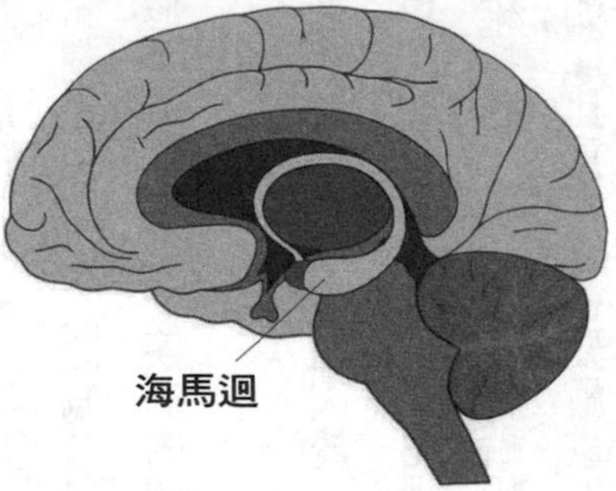

林四十多快五十歲。他是一個頗有成就的作曲家、音樂家和音樂學者，也是ＢＢＣ電台的製作人。一開始出現那些最終會損害他的海馬迴的症狀時，他置之不理，認為只是工作太賣力的副作用。當症狀惡化使得這個解釋變得不再可信之後，他又認為自己也許只是患了感冒。他完全無從得知這是他罹患了一種會徹底改變人生的疾病的開始。

他最初的症狀是頭痛，而頭痛對韋爾林來說是平常事。他一般都把頭痛歸因於工作排得太密，但是很快地，他的頭痛已到了無法入睡的程度——這是以前從未有過的。然後，他發高燒到了華氏一〇四度（攝氏四〇度），又維持在一〇〇度（約攝氏三七．八度）上下好幾天。當他開始頭腦混亂，他的病症已明顯比重感冒還要嚴重得多。在他陷入時昏時醒的狀態之後，醫生要他住院。

醫生對他的突然發病起初一頭霧水，最後才斷定他是得到一種稱為「單純皰疹病毒腦炎」（herpesviral encephalitis）的疾病。「腦炎」是大腦發炎的通稱，而很多原因都可以引起腦炎。但在單純皰疹病毒腦炎的情況，元兇是皰疹病毒。這種腦炎很罕見，我們迄今還不知道皰疹病毒是怎樣進入腦部的。

雖然醫生們起初不看好韋爾林的存活機率，但他最終從病毒感染和腦炎中康復了。不過，病毒和其所促使的免疫反應留下了後遺症。韋爾林的腦部嚴重受損，其中又以海馬迴受損最為嚴重。這種損害相當有選擇性：他的大部分認知功能完好無缺，但卻得了記錄在案中最嚴重的失憶。他無法形成新的長期記憶，這讓他被困在大約三十秒的短期記憶中。不管多麼用心去記，他的記憶在形成幾十秒之後就會消失。他常常一句話說到一半便忘記了話題。在玩單人紙牌遊戲時，他會突然驚訝地發現牌已經發過（忘了自己發過牌）。如果他把什麼東西放在掌中，闔起手掌再打開，常常會納悶手中怎麼會有東西。

耐人尋味的是，他仍然保留一些往日的記憶。例如他仍然知道怎樣彈琴。他也記得他的妻子。但他卻失去了發病之前一段時間的記憶。例如他認得幾個孩子，卻覺得他們比他們實際應有的年紀大。對他而言，得到腦炎之前有一大段的人生從未發生，所以認定四周的一切應該和他住院幾年前的樣子一樣（那時候他仍然有記憶力）。

無法形成新記憶讓韋爾林陷入失能。他陷在一個循環中，不斷突然覺得自己是剛從漫長的昏迷狀態醒來。他的日記寫滿這類古怪的話：「四點四十五分：第一次完全醒來」、「十一點二十二分：第一次完全醒來」。⑥每一次他的記憶重新啟動，他就會再一次認為自己是剛剛醒來。

記憶的歷程

廣泛的證據和許多類似韋爾林的知名案例皆證明了海馬迴對於記憶事關重大。但它的確實功能何在？這個說起來有一點複雜。為了加以說明，讓我們來追蹤一個記憶從剛出現到被儲存在大腦的整個過程。

一個記憶最初是腦活動的一種特殊模式，代表著某些感官經驗和當時可得到的其他脈絡資訊（contextual information）結合在一起。這些脈絡資訊包括了情緒狀態和個人的歷史等等（個人歷史有助於決定為什麼某個經驗具有意義）。讓我們以一趟特別愉快的海灘之旅為例。這個記憶可能包括躺在沙灘上曬太陽、聽見海浪聲和海鷗鳴叫聲、感覺到清風徐來和聞到風中夾雜著海洋氣味與防曬乳氣味。這些感官材料會和關於你當時人生的資訊結合在一起（例如你的工作壓力是不是很大，這趟海灘之旅讓你得到大大放鬆？這是你人生中一個孤單時期還是快樂時期？你是生了病還是健康？）

所有這些資訊都被編碼成為大腦各個不同部分的活動（從處理感官資訊的區域到跟高級認知有關的區域都包含其中）。不過在這個階段，它們只是短命的活動模式，還不是長期記憶。長期記憶的形成有賴海馬迴的介入。

我們**認為**，發生的事情也許是這樣（強調「我們認為」很重要，因為我們雖然知道海馬迴對於記憶形成很重要，但並不是完全瞭解其運作細節）：海馬迴收到躺在海灘期間所有被活化的大腦部分的資訊，接著它會對大腦哪些部分受到活化製作記錄，然後把這記錄儲存起來，和其他相關的知識「歸檔」在一起。

例如那一趟沙灘之旅的記憶，也許會和其他沙灘之旅的記憶歸類在一起，或和其他愉快經驗歸類在一起，又或是和那個夏天你經驗過的其他事情歸類在一起。這種資訊的「交織」讓類似的經驗或類似的概念等等可以做出快速的聯結，使我們的大腦擁有不可思議的能力可以把不同的記憶連結起來。這不只可以大大改善我們的記憶能力，還可以大大改善我們的學習能力。

一旦海馬迴把原初經驗中有哪些大腦部分受到刺激的資訊儲存好之後，它就等待某種東西出現（例如防曬乳的氣味或朋友問你在夏天做過什麼），點燃記憶。這些記憶線索（memory cues）會再活化涉及原初經驗的大腦部分。與此同時，海馬迴會認定這種新的活化是原初活動模式的一部分。這樣，海馬迴就會取出記憶第一次形成時所受到刺激的整個網絡的資訊，將之再活化。

神經元網絡每被活化一次，牽涉其中的神經元的聯繫就會更強一些。這個再活化和強化的過程被認為是「記憶鞏固」（memory consolidation）的基礎——「記憶鞏固」涉及把原初的記憶痕跡轉化為穩定和持久的東西。

雖然在有意識的情況下再活化記憶被認為有助於鞏固記憶，但有證據顯示，睡眠也扮演一個重要角色。研究發現，在原初經驗中被打開的同一批神經元會在深度睡眠中被再活化。⑦這讓神經科學家假設，我們的大腦在睡眠期間會做一些工作，確保我們在前一天獲得的重要記憶能被轉移到長期儲存庫。

記憶儲存在哪裡？

有人把海馬迴在「記憶鞏固」扮演的角色比擬為指揮交響樂團演奏。當一個記憶是比較新近的，海馬迴就會透過協調大腦相關部分的活動來對記憶線索做出回應，情形就像一個指揮協調交響樂團的不同成員演奏。

但當一個交響樂團已經練習一首樂曲夠多次，它在演奏該樂曲時就不太需要指揮的幫助。類似地，當記憶重播過很多次，那些和該記憶有關的大腦區域的連結就會強到足以自我活化。到最後，喚起記憶的能力看來越來越不倚賴海馬迴。

所以，長期的記憶痕跡被認為儲存在整個皮質，儲存在經驗發生時被活化的同一些腦區的網絡。這也許就是為什麼海馬迴受損雖然常常導致「記憶鞏固」發生問題和失去新近的記憶，但較久遠的記憶仍然完好無缺。

故事的其餘部分

雖然海馬迴極為受到重視，但記憶並不是始於和終於這單一個腦區。大腦有其他部分也扮演著關鍵角色。各位將會注意到，這一類的功能分布是本書一個反覆出現的主題，而這是因為它看來是大腦的一個主要組織策略。

例如，環繞海馬迴的那些部分被認為對「陳述性記憶」提供獨一無二的重要貢獻。「非陳述性記憶」則似乎倚賴不同的腦區，而這個假設受到韋爾林的個案支持。雖然海馬迴嚴重受損，但他從來沒有失去「非陳述性記憶」，例如沒有失去彈鋼琴的能力。這一類記憶被認為跟基底神經節（basal ganglia）和小腦之類的其他腦區有關——有關這兩個結構體，我們會在談運動時回過頭談。

因此，在勾勒「陳述性記憶」的一些路徑時，我們只是搔到表面。記憶是一種複雜的功能，對於它的各種不同變體是怎樣工作，我們的瞭解還很粗淺。

不過我們倒是知道，它是我們最損失不起的其中一種認知機能。當我們被奪去記錄人生時刻的能力，我們也失去了把脈絡加入當下經驗的能力。在最極端的情況，這會讓生命完全失去意義。要說明失去記憶的蹂躪性後果，沒有比阿茲海默症更好的例子。這種疾病會把人格和獨立性一點點竊去，最後讓病人退化至空白一片的嬰兒心靈狀態。

阿茲海默症

醫療保健技術在過去一世紀的進步讓人類壽命大大增加。例如，在一九〇〇年前後，美國人的平均壽命大約是五十歲，但現在卻增加到近八十歲。⑧不過，這種壽命延長的一個不利之處，就是讓我們更容易罹患老年人較容易得到的那些疾病（這是因為有更多人能夠活到容易罹患這些疾病的年紀）。

阿茲海默症是其中之一。過去幾十年來，隨著人口中活超過六十五歲的人比例增加，這種疾病的比率也穩步增加。它主要是一種老人病，每十個年紀超過六十五歲的人就有一個會得到。⑨出於還不明白的理由，女性得到這種病的情形較常見。據估計，對今日四十五歲的人來說，得到阿茲海默症的機率是每五個女性一人，每十個男性一人。⑩

阿茲海默症是一種**失智症**（dementia）——這個術語一般係指出現失去記憶和其他

認知障礙的病症。失智症有很多不同種類，每一種各有原因，也會對大腦造成不同的病理後果。阿茲海默症只是失智症的一種，雖然我們知道是大腦發生什麼情況讓阿茲海默症不同於其他種類的失智症，但我們對於為什麼有些人會得到此症而另一些人不會得到，仍然無甚頭緒。少數的阿茲海默症個案明顯地和遺傳有關，但大部分阿茲海默症的起因都不明。即使有很多已知的風險因子（從吸菸到頭部反覆受傷和心血管健康情況欠佳），我們仍然不確定這些因素的作用有多大。目前為止，最大的可能致病因素仍然是那個我們所無法避開的：年紀。

黯淡的預後

隨著我們變老，大腦的運作一定會變差。阿茲海默症的早期症狀有時會和年紀老大所造成的衰損無大分別。但隨著病人病情繼續惡化，這種疾病很快就會顯示自己和一般的衰老截然不同。阿茲海默症惡化得很快，病人的心靈很快就變得和得病之前幾無相似之處。

阿茲海默症最容易辨認的徵兆是記憶減退。最初，記憶減退通常表現在難以創造新的「陳述性記憶」。在這個階段，病人也許會忘記不久前的交談，表現出自我重覆的傾向。他們也許會不記得和別人有約或老是把東西放錯地方。不過，這階段的阿茲海默症病人通常仍然能夠維持較舊的記憶，以及維持「非陳述性記憶」（例如綁鞋帶或用餐具進食的能力）。但假以時日所有記憶都會受到影響。就連最耐久的記憶一樣可能會被剷除。

腦部訓練遊戲有用嗎？

過去二十年，好些公司推出一些它們聲稱可以改善記憶和降低罹患阿茲海默症機率的產品。一般都是好玩的遊戲，有時會被稱為「腦部訓練遊戲」。問題在於這些宣稱沒有得到太多的科學支持。雖然有些研究支持生產腦部訓練遊戲的公司的聲稱，但較仔細審視會發現它們很有侷限性（例如受測試的人非常少）。就目前所知，唯一讓人有十足把握的主張是，玩腦部訓練遊戲可以讓你更擅長玩腦部訓練遊戲。沒有研究顯示它們能改善認知能力或減低罹患阿茲海默症的風險。⑪

其他種類的認知（有些依賴記憶有些不依賴）一樣會受到擾亂。病人的字彙將萎縮，溝通變得困難，讀和寫的能力也許會嚴重受損。病人可能會經驗到預期不到的情緒紊亂（從冷漠到憂鬱到勃然大怒不等）。他們的思考方式常常變得妄想，多達兩成的病人甚至出現視幻覺。⑫

他們的活動能力也沒有被饒過。假以時日病人會變得舉步維艱，甚至無法進行最簡單的自理活動。咀嚼和吞嚥等基本運動功能變差，最終一定會出現大小便失禁。到最後（假使病人活得了那麼久的話），近乎所有腦功能都會減低，需要仰賴他人照料生活的各方各面或大多數方面。

這種疾病總是具致命性。雖然我們仍然不知道阿茲海默症的成因（除少數完全可以追溯到基因因素的情況例外），神經科學家已經多明白了一點，當這種病病情惡化時，病人腦部會有什麼變化。

神經退化和阿茲海默症

阿茲海默症被歸類為**神經退化性疾病**（neurodegenerative disease），即以神經元的退化和死亡為特徵的病症。罹患阿茲海默症的人，其神經退化是大範圍的，會導致大腦

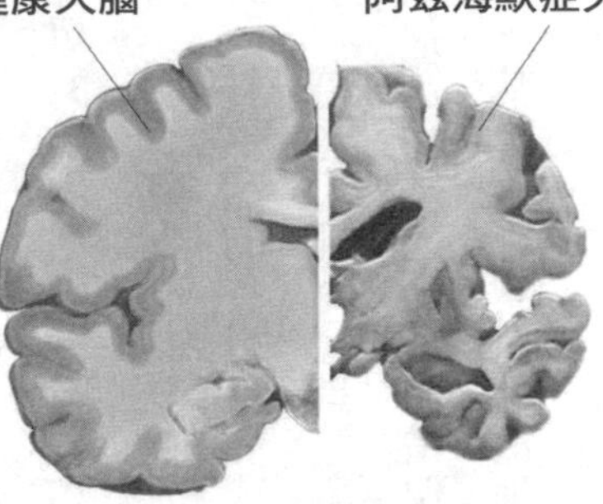

健康大腦和阿茲海默症重症患者大腦的切片比較

的整體萎縮。這種縮小通常憑肉眼就可以看見。事實上，當你把死於阿茲海默症病人的大腦和死於自然原因者的大腦擺在一起，它們的大小懸殊會讓人十分吃驚。

不過，雖然在阿茲海默症中大腦所有區域都會出現神經退化，但有一些腦區的退化特別嚴重。最脆弱的部分包括：海馬迴及其周遭區域、大腦皮質的最外層，還有一群位於大腦前方和底部的神經元，稱為**基底核**（nucleus basalis）。「核」（nucleus）這個字被用來指位於中央神經系統（同時包含大腦與脊髓）中一群有著解剖或功能關係的神經元。基底核由可產生神經傳導物質乙醯膽鹼（acetylcholine）的高密度神經元構成，正因為這個原因，阿茲海默症最常見的療法即是使用藥物提高大腦中乙醯膽鹼的濃度。

所以，阿茲海默症的症狀是由於大腦很多地方的

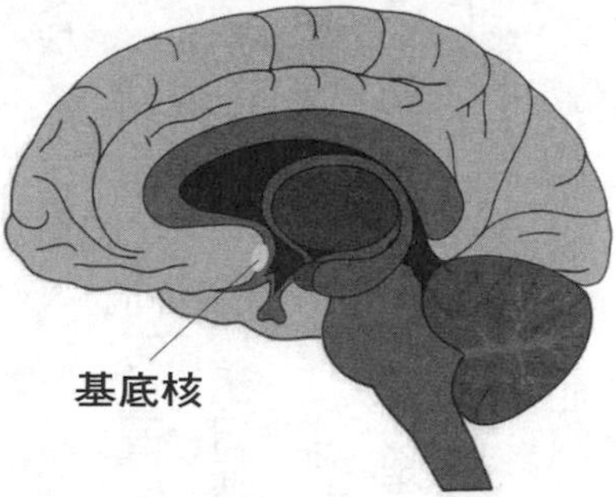

神經元死亡所導致。隨著病情加深，神經元的死亡率也越來越高。這解釋了為何症狀會隨著時間而惡化。

但真正關鍵的問題至今尚未得到解答：一開始究竟是什麼導致了神經元死亡？多年來，神經科學家指出阿茲海默症大腦的其他反常特徵作為引起神經元死亡的因素，但確實的機制何在仍然未得其解。

斑塊、糾結和垂死的神經元

讓阿茲海默症在失智症中獨樹一幟的原因，在於有些發生在病人大腦中的病理變化並不見於其他形式的失智症，至少在程度上遠遠超過其他失智症。最顯著的特徵是蛋白質會固結在一起，形成不可分解的團塊。

在阿茲海默症病人的大腦中，一群稱為「β—澱粉樣蛋白」（amyloid beta，或稱類澱粉蛋白）的小型肽（peptide）——基本上就是一種較小型的蛋白質——會在神經元外面積聚成為高密度的一大團，稱為「β—澱粉樣蛋白斑塊」（amyloid plaques）。在正常情況，蛋白酶（protease）可以分解多餘的肽和蛋白質。但「β—澱粉樣蛋白斑塊」抗拒蛋白酶的分解，所以隨著病情加深，斑塊有越來越多的傾向。

另一種不同的蛋白質團塊會出現在神經元裡面。這次的元兇被稱為「濤蛋白」（tau protein）。濤蛋白通常扮演幫助運送材料到整個細胞的角色，但在阿茲海默症，它失去了正常功能，堆積成被稱為「神經纖維糾結」（neurofibrillary tangles）的結構體。就像「β—澱粉樣蛋白斑塊」一樣，「神經纖維糾結」拒絕被大腦分解，直至它們依附的神經元死去之後還會繼續存在。

隨著阿茲海默症病情加深，「神經纖維糾結」會越積越多，所以多年來神經科學家皆懷疑這些蛋白質沉積物是導致神經元死亡的原因。不過，雖然有很好的理由相信「β—澱粉樣蛋白斑塊」和「神經纖維糾結」都具有致病性，我們仍然不知道它們真正扮演的角色。

有些神經科學家相信，「β—澱粉樣蛋白斑塊」會積極毒害神經元，導致它們退化和死亡。但其他神經科學家主張元兇可能是自由遊走的「β－澱粉樣蛋白」，而斑塊反而是大腦用來防堵有毒「β－澱粉樣蛋白」損害大腦的方法（但不成功）。

對於「神經纖維糾結」的角色也有類似爭論。「神經纖維糾結」在大腦的蔓延情況大於「β－澱粉樣蛋白斑塊」，跟神經退化和阿茲海默症的症狀更加吻合。⑬但目前，我們仍然不確知「神經纖維糾結」對阿茲海默症有什麼作用。

多年來神經科學家都在爭論「β－澱粉樣蛋白斑塊」和「神經纖維糾結」何者更具致病性，但現在看來這兩種反常現象各有作用，而且大概是互相影響。然而許多問題繼續存在，而這也是我們迄今未能找到令人滿意的治療方式的原因之一。事實上，今日的所有療法都無法遏止病人大腦的神經退化。所以我們才會傾向治療症狀，不過就連這種方法的有效性也偏低。

阿茲海默症以令人震驚的方式證明了記憶有多麼重要。沒有什麼比看見一個阿茲海默症晚期的病人失去記憶還要讓人痛心，因為記憶是他們作為一個人所不可或缺的部分。他們會忘記自己有過的成就，忘記朋友的名字，甚至忘記兒女的臉孔。這些個案讓我們明白，我們近乎不可能想像沒有記憶的人生。

第3章

睡眠

Sleep

一九八三年，五十三歲的英俊男子西爾瓦諾（Silvano）到波隆納的神經醫學中心，在絕望中求助。他深信自己行將死去：因為缺乏睡眠死去。①

起初醫生們不知道要怎樣看待西爾瓦諾的說法。畢竟每個人都知道，沒有人會死於失眠，因為如果一個人失眠太久，自然會睡著。這是一個可以自行解決的問題，至少當時的醫學界是這樣假定。

但西爾瓦諾曾目睹自己父親和兩個姊妹患上怪病，病徵是失眠的情況越來越惡化。隨著他們睡得越來越少，他們的身體和認知能力受到了嚴重損害。失眠肯定和他們的健康惡化有關，而且後果是致命性的。

直到五十二歲前，西爾瓦諾都不曾出現這種神祕失眠症的跡象，所以他開始認為自己可能是安全的。但就在五十二歲這一年，他的希望破滅了，因為他一直害怕的症狀開始出現。突然之間，他的睡眠時間從五到七小時不由自主地驟降至兩三小時。兩個月後，他每晚只能睡一小時。僅僅再一個月之後，他完全失去了睡眠。

西爾瓦諾的情況迅速惡化。直到最後一點點正常睡眠都消失之後，他變得極為疲倦，完全無法工作。他總是微微發燒，說話開始口齒不清。

又經歷了三個月的失眠，他的雙手開始激烈顫抖，舉步維艱。完全失眠五個月之後，西爾瓦諾陷入昏迷。他高燒不退，呼吸不規律，心跳急速而不穩定。身體同時有多個系統失調和衰竭。不到一個月他便死了，和症狀初次出現相距僅僅九個月。

對西爾瓦諾的病深感困惑的醫生們最後明白，他們面對的是一種醫界本來不認識的現象：一種會遺傳和導致漸進性失眠的病症，稱之為「致死性家族性失眠症」（fatal familial insomnia）。後來出現更多的病例，而科學家也明白這種極為罕見的疾病一般是由父母遺傳給子女的基因突變導致。如果父母一方有這種缺陷，子女得病的機率就是五成。不過更近期出現了一些明顯不是由遺傳導致的病例，這讓研究人員明白到這種病有時是突然冒出來。②

因為現在知道了任何人都有可能罹患這種病，便改稱為「致死性失眠症」（拿掉「家族性」三個字）。「致死性失眠症」會殺死大腦好些區域的神經元，而這些區域被認為對於睡眠有著重要作用。這除了是我所知道最可怕的神經疾病之一（如果你不這樣認為，請在下一次嚴重失眠時再想一想），「致死性失眠症」更突顯出睡眠對大腦有多麼重要。我們很難斷定失眠對病人的死亡起什麼作用，因為這種病症會導致大腦不同部位的神經元死亡，而這也可能加速病人死亡。即使如此，看來失眠至少會加速病人的病情，讓他們在人生最後幾個月猶如活在地獄裡。

我們為什麼需要睡眠？

顯然，我們的大腦相當依賴睡眠。但為什麼睡眠如此必要？換一種問法就是，睡眠的真正目的何在？

科學家一直絞盡腦汁要找出確定答案，並因此產生了好些不同的假設。例如，一個廣為接受的假設主張，睡眠有著修復功能。當我們醒著時，身體和大腦會大量消耗重要的能量儲備。我們用胺基酸來合成蛋白質，把三磷酸腺苷（adenosine triphosphate, ATP）當作能量，用葡萄糖製造更多的三磷酸腺苷等等。睡眠期間，你的身體（又尤其是你的大腦）可以暫停對能量的無休止需索，專心補充消耗掉的重要物質。

另外，睡眠也可以減少我們對能量的利用，因為這個時候身體的需求降低。人類都是在晚上睡眠這一點在演化上很說得通，因為我們不具備強大的夜視能力（至少和一些猛獸比起來是如此），所以晚上最不適合狩獵採集，若在此時到處逛也是最危險的時候。換言之，在晚上醒著的代價要大於其利益。

所以，修復和保存能量是我們為什麼要睡覺的極佳理由。但研究顯示，睡眠還具有其他功能。例如近期有科學家指出，睡眠有助於移除掉大腦內有著潛在毒性的廢棄物，例如上一章談過的「β—澱粉樣蛋白」。③另外，一個歷史悠久且得到充分支持的假設認為，睡眠在鞏固記憶一事上扮演關鍵角色。

真正的理由是哪一個？我們需要睡眠是為了修復能量、保存能量、去除有毒物質、形成記憶，還是出於完全不同的理由？就像神經科學的大部分問題一樣，答案八成是「以上皆是」。雖然研究者繼續探索更確切的睡眠目的，但大部分人都同意，這種佔去我們生命一個重要部分和對我們的生存具有關鍵性的行為，很有可能是為重要目的提供多重服務。

所以睡眠的目的可說有點謎樣。但更加令人困惑的問題是：為什麼人類要演化成必須把人生三分之一時間花在失去意識來達成那個目的？要為這個問題找出完全讓人滿意的答案，恐怕得花很長時間。畢竟，要弄懂一種科學家相信是源自我們幾百萬年前遠祖的行為相當困難，甚至也許是不可能的。

睡眠科學的起源

有很多神經科學家覺得與其把太多時間花在可能永遠回答不了的問題，倒不如專心研究大腦在睡眠期間會發生什麼事，以及睡眠對大腦有什麼效果。相當讓人意外地，我們對睡眠期間的腦活動的所知，有很多是歸功於一位想知道人類大腦是不是有心電感應能力的德國神經精神病學家。

伯格（Hans Berger）是德國科學家的典型：沉默、一絲不苟和自律甚嚴。在伯格手底下工作的耶拿大學醫院（Jena University Hospital）年輕醫生金茨貝格（Raphael Ginzberg）指出，伯格是個緊繃的人，工作以外的事情一概不談。他每天過得一模一樣，就像兩滴水滴。他年復一年發表同樣的演講。他是「靜態」的化身。④

儘管伯格表面看起來枯燥乏味，他內心深處卻滿懷著想要發現大腦祕密的強烈激情。他的這種熱情源自十九世紀晚期發生的一件意外。當時才十九歲的伯格因為不確定要走什麼樣的人生道路，加入了軍隊。有一天早上出操時，他從馬背上摔下來，幾乎被一組大砲的輪子輾過。他幸運逃過一劫，毫髮無傷。

同一天，他妹妹極度心神不寧，疑心有可怕的事情發生在哥哥身上。她非常不安，最終說服父親發一封電報給伯格，好確定他平安無事。這是伯格第一次收到家裡發來的電報。讀了電報之後，他深信妹妹的擔心和他在同一天差點碰到禍事兩者並非巧合。他相信，他是以心電感應的方式把自己遇到危險的事通知了妹妹。⑤

在伯格看來，這意味著大腦必然有著某種非常特殊的能量，可以隔空把信息傳遞到遠方。此後他花了很多時間研究一種把腦能量加以量化的方法，由此帶來了精神科學最重大的發現之一。

雖然伯格的發想是來自超自然經驗，但他所做的實驗卻是奠基於健全的理論基礎。他的研究焦點是大腦怎樣產生和利用能量。他意識到能量的利用高度倚賴輸入大腦的血液，所以他假設大腦會把從血液得來的能量轉化為可被神經元使用的電能。

這當然是正確的，即神經元的活化涉及一種電能，儘管神經元的電信號更加接近電池而非電線的電力。當神經傳導物質刺激一個神經元的受體，會在神經元裡面產生一個稱為「動作電位」（action potential）的電信號。「動作電位」會沿著軸突（axon）

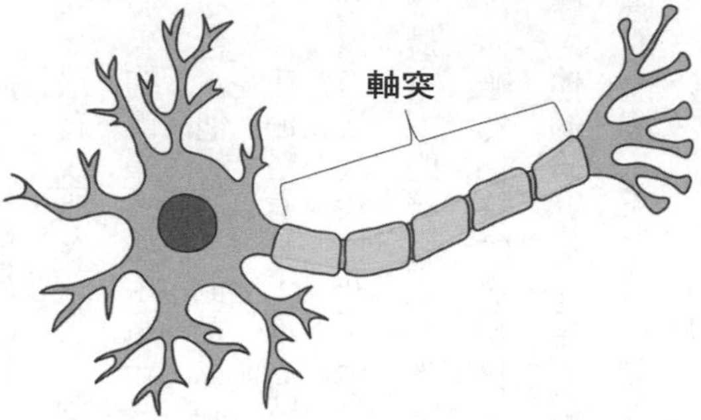

移動（軸突是神經元的管狀突出），到達軸突末端時會導致神經元釋放出神經傳導物質。然後這些化學物質會活化另一個神經元的受體，讓整個過程重來一遍。這就是信號在神經系統傳遞的方式。

伯格癡迷地研發測量電活動的方法。他堅信能量守恆的觀念，認為假如對大腦的能量輸入和輸出（即電和熱等）做出正確測量的話，將會發現有一些多出來的能量。伯格相信，就是這些多出來的能量讓心電感應能夠發生。

伯格花了幾十年完善化測量大腦電活動的方法。到了一九二〇年代末期，他已經開發出一部稱為「腦電波儀」（elektrekephalogramm）的儀器。他用這部儀器從他工作那間醫院的好些病人和僱員身上取得腦活動的數據，還有他自己和兒子的數據。一九二九年四月，他發表了自己的研究結果，後來被稱為腦電圖

（electroencephalogram, EEG）的東西就此誕生。

伯格的腦電圖將會成為神經科學的革命性新方法，只可惜他沒能活到看見這件事情發生。起初，他的研究報告受到懷疑。很多科學家認為他看見的是某種類的電雜音（electrical artifact），不代表真正的腦活動。一九三八年，六十中旬的伯格健康開始惡化。他罹患鬱血性心臟衰竭，被迫臥床。因為無法進行研究或臨床工作，他情緒低落，在一九四一年自殺身亡。

用腦電圖測量睡眠

不過在腦電圖發明沒多久後，便有些較無疑心的研究者用它來探索睡眠中的大腦。在這個早期階段，大部分科學家都假定大腦在晚上睡眠時會關閉自己，所以本來以為測量睡眠中的腦活動不會有太多收穫。

但結果卻出乎意料之外。根據腦電圖的測量數據顯示，腦活動不會在人睡眠的時候停止。相反地，腦活動會持續一整晚，表現出一些獨特的模式，而這些模式和一個人睡多久及睡多熟有著對應關係。根據這些數據，研究者主張睡眠可以分為幾個階段，每個階段的大腦和身體各有不同特徵。

今日一般認為，睡眠包含四大階段。當我們醒著的時候，腦活動處於所謂的**去同步化**（desynchronized）狀態。在這個階段，大腦裡的神經元可以比擬為大禮堂裡的一大群人，每個人都和旁邊的人交談。這是一種眾聲喧譁狀態，沒有明顯的節奏，是由

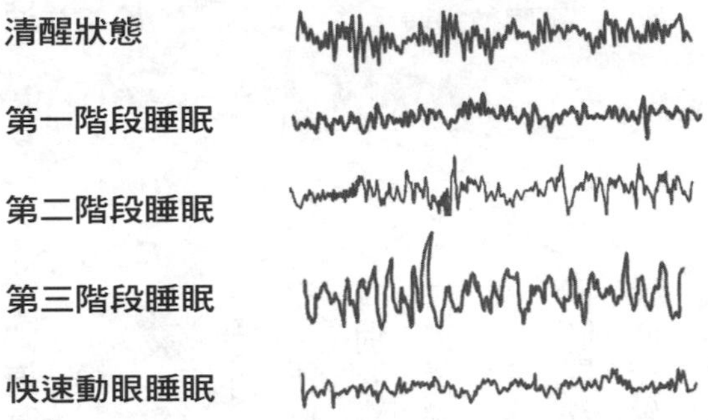

不同睡眠階段的腦活動

於大腦所有神經元各在不同時間發射「動作電位」（電脈衝）而導致。

在腦電圖上，清醒狀態就像是一堆擠在一起的上下起伏線條。腦電圖的活動是以波形來呈現，而清醒狀態的波形傾向於高頻率（每秒鐘發生很多次）和低振幅（即波峰和波谷之間沒有太多空間）。

當你閉上眼睛開始打盹，你就進入了第一階段睡眠。這時心跳速度會降低，肌肉會較為放鬆。第一階段通常不會持續超過十分鐘，是一個非常淺眠的階段。不過在這個階段，你的腦活動已開始較為同步。腦電圖上的波形顯示出較有規律的節奏，波的頻率略低於清醒狀態。

在第二階段睡眠，某些獨一無二的特徵開始顯現在腦電圖。總的來說，第二階段的波形和第一階段類似，但偶爾會出現一連串急速的波，稱為「睡眠紡錘

第二階段睡眠

波」（sleep spindle）。另外還會定期出現尖波峰和尖波谷的波，稱「K—複成波」（K-complexes）。目前還不知道這些特徵的意義，也不知道為什麼它們主要出現在第二階段的睡眠。

第二階段同樣是一個比較淺睡的階段，但是情形到了第三階段將會發生一百八十度變化。第三階段的睡眠通常稱為「慢波睡眠」（slowwave sleep），因為這個階段的腦電圖有著高振幅和低得多的頻率。所以它的波有著紓緩和較弧形的外觀。在第三階段，腦活動截然有別於清醒狀態的不同步活動。如果我們再次把這個階段的神經元比作在禮堂裡的一群人，那麼這群人不再是各談各的，而是會像格雷果僧侶（Gregorian moks）那樣齊聲吟唱。換言之，神經元不再是各在不同時間被活化，而是以一種有節奏的模式一起發射「動作電位」。在這個時候，你是處於深睡。第三階段被認為對之前提過的睡眠修復功能特別重要，也是它讓你可以在第二天一覺醒來後有恢復精力的感覺。

最後一個睡眠階段是「快速動眼睡眠」（rapid eye-movement）。

在「快速動眼睡眠」，有些奇怪的事情會發生。在旁觀者看來，你的身體是處於最深度的睡眠，唯一牴觸這個看法的是你那雙在眼皮底下急速轉動的眼睛。你的肌肉是完全鬆軟的狀態：如果有人這時候拉起你的手再放開，這隻手會啪一聲掉回床上。旁觀者所沒能看到的，是你在這個階段的腦活動和你在醒著的時候非常相似。

事實上，「快速動眼睡眠」也被稱為「矛盾睡眠」（paradoxical sleep），因為在這種睡眠中，腦的活動和身體的活動明顯脫節。正是在這個階段，我們會夢見最鮮明的夢境。也有一些證據顯示，「快速動眼睡眠」中的視線移動方式和我們在夢中的視線移動方式對應。⑥

夜間移動

因為夢境常常是出現在「快速動眼睡眠」，又因為我們的眼睛對夢中情景的反應就像它們真的在眼前，所以不難理解肌肉活動為什麼在這個時候會受到抑制。因為如果它們沒有受到抑制，我們的身體就會像是在夢中那樣行動：身體動來動去而心靈卻不知道身體正在做什麼。

事實上，這種情形恰好發生在那些患有「快速動眼睡眠行為障礙」（REM sleep behavior disorder）的人。在這種病症中，大腦無法在「快速動眼睡眠」期間抑制肌肉。病人的肌肉會保持正常的肌張力，導致揮手踢腳或完全把夢境演示出來。（這種狀態和夢遊不同：夢遊通常不會發生在「快速動眼睡眠」階段，而且通常是一些較平靜的行為，例如坐在床上或靜靜地在屋內逛來逛去。）不奇怪地，把夢境演示出來有可能對病人本身和任何與他們同睡一床的人造成危險。在夜半，一個「快速動眼睡眠行為障礙」的患者可能會被家具絆倒、捶打牆壁，或是把同床人的頭夾在腋下。在所有這些情況，患者的身體都會像是身在夢中那樣移動。

另一個同樣會引起問題的現象是肌肉在「快速動眼睡眠」中受到太多抑制。很多人都有過這樣的經驗（通常發生在醒著的時候，不過也可以發生在睡著時）：他們的腦是醒著的，但身體卻動不了。這種事可以維持十幾秒鐘，甚至幾分鐘，當事人常常會感覺越來越害怕。有些人這時候還會出現幻象，例如看見或感覺有人侵入房間，或感覺自己離開身體飄走。

這種障礙稱為「睡眠癱瘓」（sleep paralysis）。雖然我們對它尚未充分瞭解，但據信其起因是大腦某些部分已經醒來，但其餘部分仍然處於「快速動眼睡眠」。如果這種事發生於某個正在醒來的人，那他的肌肉仍然會受到抑制，而夢境似的意識的某些方面也會潛入清醒的心靈裡。幸而，雖然「睡眠癱瘓」有點嚇人，但一般消散得很快，通常也不是嚴重身體毛病的徵兆。在大多數人，這種現象甚至不會反覆發生。

睡眠中的大腦

腦電圖的出現讓研究者明白，睡眠並不只是大腦休息的時間。不過要花上很多的額外努力，他們才能斷定是大腦的哪些部分導致不同的睡眠階段。

一九三〇年代，神經科學家布雷默（Frederic Bremer）對貓做了一些實驗，對於辨識出這些腦區取得重大進展。布雷默的實驗包括以手術在不同位置切斷一個叫「腦幹」（brainstem）的結構體。「腦幹」看似有點像一枝莖，是大腦其他部分和脊髓的連接處。

透過切斷腦幹，布雷默有效地把大腦切成兩個部分，也把大腦和身體分了開來。當然，這種手術需要動用人工呼吸器，而貓在手術後也斷然無法正常活動。不過，布雷默仍然能夠讓貓腦保持活著，並使用腦電圖來看看它是不是繼續表現出睡眠各階段的腦活動特徵。

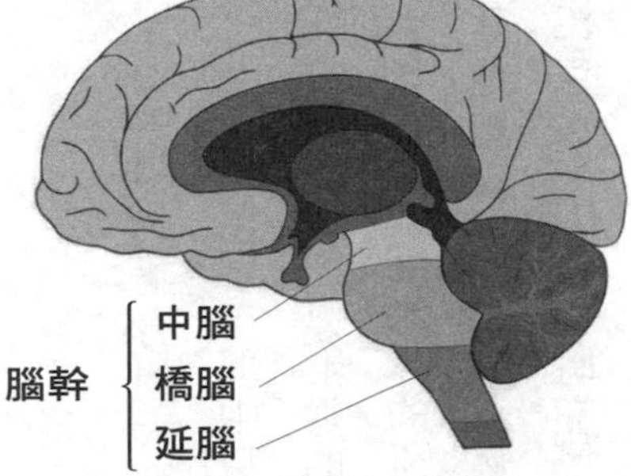

布雷默發現，如果他是在腦幹較高處、稱為「中腦」（midbrain）的區域動刀，貓腦就會持續處於「慢波睡眠」狀態。如果他是在脊髓上面一點點、稱為「延腦」（medulla oblongata）的結構體動刀，則貓腦仍然能夠表現出醒著的狀態，處於「非快速動眼睡眠」和「快速動眼睡眠」。

這些發現顯示，「中腦」上方的腦部能夠產生「慢波睡眠」，脊髓和「中腦」之間的腦幹部分則能夠促使清醒狀態和「快速動眼睡眠」。

更加深入

「中腦」上方的大腦各區有時被集體稱為「前腦」（forebrain），理由只是因為它們在胚胎發育期間是從位於腦部前方附近的一群結構體發展而成。「前腦」包含構成腦半球的所有腦組織，除此以外還有一些其他結構，例如下視丘（hypothalamus）和視丘（thalamus）。我們將在第七章對視丘有較深入討論，目前，我們只需要知道它是一個位居腦中央的結構體，大部分來自腦幹的資訊都必須通過它才能夠到達大腦皮質。

在布雷默的研究透露出「前腦」對「慢波睡眠」

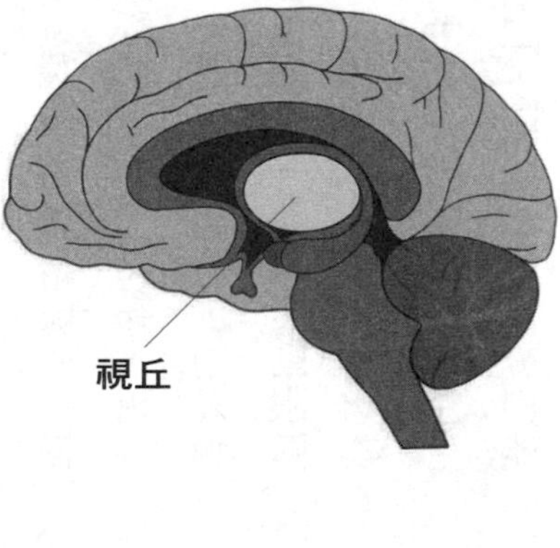

特別重要之後，其他科學家則設法進一步釐清這種關連。他們發現，透過對動物「前腦」的某些部分施以電擊可以產生「慢波睡眠」⑦，而透過破壞其他部分可以取消「慢波睡眠」⑧。「施以電擊」在這個脈絡中是表示對大腦的某個特定部分輸入非常溫和的電流。由於神經元有著電性質，電刺激一般都能活化它們，讓神經科學家可以看見當大腦某個部分的神經元「被打開」之後會發生什麼事情。值得指出的是，用電刺激神經元這事情本身並不會引起疼痛（事實上，擺佈腦組織一般都不會引起疼痛）。這是一種常見的研究技術，在本書中會一再提到。

研究人員最終瞭解到，「前腦」有一些神經元群會釋放神經傳導物質「γ—胺基丁酸」（γ-aminobutyric acid）和「甘丙胺素」（galanin）。這兩者都是著名的抑制性神經傳導物質，因為它們對另一個神經元產生的即時效果，通常是讓這些神經元較不容易被活化。因此有一個假設認為，「前腦」腦區釋放這些抑制性神經傳導物質，是為了降低其他促進清醒的腦區的活動，讓整個大腦進入「慢波睡眠」。

「下視丘」有一個稱為「腹外側視前核」（ventrolateral preoptic nucleus）的區域似乎對於這種抑制作用特別重要。「腹外側視前核」釋放的「γ—胺基丁酸」和「甘丙肽」會去到其他促進清醒的神經元，壓抑它們的活動。「腹外側視前核」看來對於讓

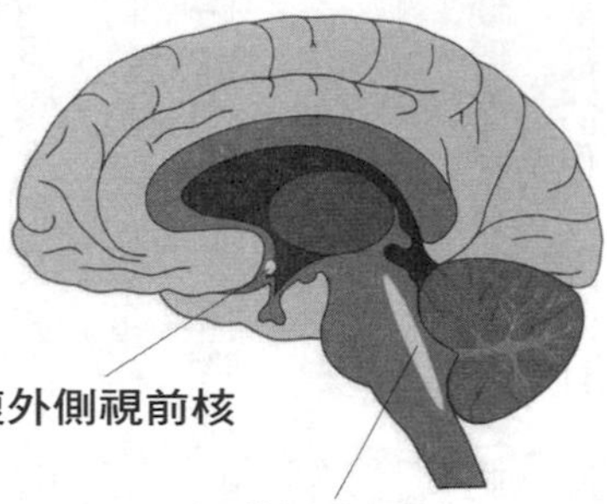

大腦其他部分進入睡眠發揮了關鍵作用。

所以「前腦」的神經元（特別是「下視丘」的神經元）似乎可以鎮靜我們的大腦。但是「腦幹」裡面有什麼能夠讓大腦醒過來？在一九四〇年代，科學家發現對「腦幹」的某些部分進行電刺激，會迅速導致清醒狀態。[9]「腦幹」這個部分的神經元後來被稱為「網狀活化系統」（reticular activating system）。它們的信號從「腦幹」去到「視丘」再到達大腦皮質，刺激皮質去叫醒大腦。

所以，目前我們知道了「前腦」有一個區域可以促進睡眠，也知道了「腦幹」有一個區域可以促進清醒。但我們需要另外兩個元素，讓睡眠系統能夠照我們正常預期的那樣運作。雖然上述的前腦系統可以引發「慢波睡眠」，但它看來並不能引起「快速動眼睡眠」。不過，研究者卻在「腦幹」找到一個對「快速動眼睡眠」來說不可或缺的區域，稱為「橋腦」（pons）。「橋腦」是「腦幹」的一部分，它向外鼓起，讓「腦幹」成為人腦中一個較好辨認的部位。當「橋腦」受損，「快速動眼睡眠」就會被擾亂。⑩而當這一區受到電刺激，即會促進「快速動眼睡眠」。⑪在在看來，這一區的神經元還負責抑制運動神經元，讓肌肉在「快速動眼睡眠」階段失去肌張力。

上述三個區域固然可以解釋睡眠的三種基本狀態，但似乎還需要有個「控制中心」才能解釋這些狀態之間的切換。科學家透過研究「猝睡症」（narcolepsy），也許已發現了這種控制中心。

「猝睡症」和睡眠控制中心

對大部分有睡眠問題的人來說，難題都在難以入睡或夜不成眠。雖然失眠症令人沮喪，但還有一種較不常見的失調（稱為「猝睡症」）經常對日常生活構成更大擾亂。

「猝睡症」患者在一天任何時候都可能感到睏倦難當，身不由己地睡著（即使前一晚有睡飽一樣如此）。他們會在最不適當的時間無法抵擋睡意（例如談話談到一半的時候，吃飯的時候，甚至是開車的時候）。通常這種日間睡眠不會持續太久，最多大約半小時，病人睡醒後一般都會覺得神清氣爽，就像大部分人小睡片刻之後那樣。但在兩三小時之後，他們也許又會再次被強大的睡眠需求壓倒。

許多「猝睡症」病人還會在醒著的時候突然失去對肌肉的控制。這常常導致他們仆倒在地，無法動彈，時間從幾秒鐘到幾分鐘不等。這種失去肌肉功能的情形稱為

「突發性肌無力」（cataplexy），類似於一般發生在「快速動眼睡眠」的情形，而且可以被強烈的情緒反應（例如大笑、大怒或驚奇）所觸發。

科學家首先透過對狗進行研究，進而明白了「猝睡症」的起因。雖然狗也會得到「猝睡症」，但過度睡眠在牠們比較不那麼容易被注意到或構成問題（在有人稱讚你是好孩子的時候睡著，並不會像在一個重要工作會議中睡著那樣失禮）。所以對狗來說，最顯而易見的症狀通常是「突發性肌無力」，而且往往是由乍看到有食物可吃的亢奮性事件引起。

一九九〇年代晚期，研究人員發現了狗罹患猝睡症的成因：一種基因突變，而這種基因的功能是產生對稱為「下視丘泌素」（hypocretin）這種物質的受體。⑫「下視丘泌素」是一種「神經肽」（neuropeptide）（這不過是表示它是可以起到神經傳導物質作用的小型蛋白質）。「下視丘泌素神經元」主要是位於下視丘，而狗的基因突變導致「下視丘泌素受體」無法發揮功能。

對人類來說，「猝睡症」看來也和「下視丘泌素」大有關係。出於至今不明的理由，「猝睡症」患者會失去「下視丘」中的大部分「下視丘泌素神經元」（最多可達至九五％）。⑬

基於其在「猝睡症」扮演的角色，研究人員懷疑「下視丘泌素」控制了大腦對於清醒狀態和睡眠狀態的切換。「下視丘泌素神經元」對整個大腦發送信號，包括上述提過被認為和清醒狀態有關的腦區。透過刺激這些區域，「下視丘泌素」看來可以把大腦推向清醒狀態。如果「下視丘泌素」活動減少，大腦就會昏昏欲睡。

當「下視丘泌素神經元」無法正常作用，睡眠和清醒狀態的切換就亂了套，還會讓「快速動眼睡眠」和「非快速動眼睡眠」的轉換出現問題。這些反常狀態被認為是「猝睡症」和「突發性肌無力」的由來。所以，「下視丘泌素神經元」似乎正是控制睡眠狀態和清醒狀態轉換的關鍵因素。

睡眠開關

在辨識出一個關係睡眠的腦區域網絡之後，我們下一個需要回答的問題便是：大腦憑什麼斷定是時候應該睡覺了？

一個設計來回答這個問題的熱門假設是奠基於如下觀念：促進清醒的腦區和促進睡眠的腦區總是處於競爭狀態。當促進清醒的腦區活躍，它們就會抑制促進睡眠的腦區，反之亦然。

當一類腦區比另一類腦區活躍，就能引起和它相關的行為狀態（即睡著或清醒）。以這種方式，這些不同種類的腦區構成了一個讓人睡著或醒著的開關。但我們都知道，我們不是直接關掉開關就可以睡著（至少大部分人都沒有這種本領）。相反地，入睡是一個漸進的過程：隨著白晝逐漸轉入黑夜，我們的睡意會越來越濃。

睡眠的開關模型並不符合這種認知。它假定，隨著時間變得越來越慢，有越來越多促進睡眠的神經元活躍起來，最後抵達促進睡眠神經元比促進清醒神經元要多的轉折點。有好些理由可能導致這種不平衡的發生。

你越來越想睡

想睡的欲望可以是多層原因累積而成。想像你正在熬夜開夜車。隨著時間越來越晚，你的眼皮越來越沉重，你的身體越來越倦怠，你的思考越來越遲鈍。你醒著的時間越長，這些後果就累積得越高。

另一方面，想一想你在正常就寢時間臨近時漸增的疲倦。這類疲倦大概較不激烈，也比較有規律性，就像你的身體企圖緊貼著一個內在時鐘運行。

這兩種知覺都是精確的（一是睡意隨著醒著時間的拉長而加強，一是睡意追隨某種內在規律）。雖然科學家不知道導致疲倦的所有機制，但一般認為至少有兩大因素會產生疲勞，其一是清醒期間製造的促進睡眠物質的積累，另一是二十四小時的生理時鐘（它除了控制睡眠，還控制很多其他行為）。

螢幕時間和睡眠

隨著智慧手機、平板電腦和手提電腦的流行，許多人晚上臨睡前都是看著一片電子螢幕。但近期的研究顯示，這也許不是好習慣。這些裝置的螢幕會放射出短波藍光，而根據一些研究，藍光會干擾正常睡眠。②這也許是因為藍光會壓抑褪黑激素（melatonin）的釋放所導致。褪黑激素被認為可以讓身體維持二十四小時節奏，即「晝夜節律」（circadian rhythms）。如果你睡前需要使用電子裝置，請儘可能使用加裝藍光濾鏡的（現今很多電子裝置都有這種濾鏡）。另外，把螢幕的亮度調到你所能夠忍受的最低程度，並且儘量把裝置保持在距離你的臉一英尺之外。這一類謹慎措施也許可以幫助你把藍光的負面作用減到最低。

腺苷與睡眠

當「三磷酸腺苷」被身體的細胞用作能量之後，會殘留「腺苷」（adenosine）。

細胞會利用剩下的「腺苷」產生更多「三磷酸腺苷」，隨著時間過去，「腺苷」就會在大腦裡越積越多。「腺苷」可以引發睡眠。它能發揮神經傳導物質的作用，刺激「腹外側視前核」中與睡眠有關的受體，也可以抑制「網狀活化系統」的神經元。

所以，作為細胞利用能量的副產品，「腺苷」會不斷累積，又因此可以作為知會大腦能量儲存已經越來越低的信號。換言之，高濃度的「腺苷」意味著已經有大量能量被消耗掉。這會促使大腦想要休息，以便能量的儲存可以得到補充。

「腺苷」的睡眠引發者角色同樣有助於解釋世界最受歡迎提神物質的效果，這物質就是咖啡因。咖啡因的主要作用機制是堵塞「腺苷」受體，限制「腺苷」影響大腦的能力。由於「腺苷」一般可以促進睡意和睡眠，堵塞它自然會導致警覺和清醒。

「腺苷」的積聚有助於我們理解，為什麼長時間醒著會讓人越來越想睡。但睡眠不只受到醒著時間長短的影響，還會企圖貼合持續在大腦裡轉動的二十四小時時鐘。

24／7

這星球上幾乎所有生命都以某種方式倚賴地球的每日轉動和這轉動所帶來的日照

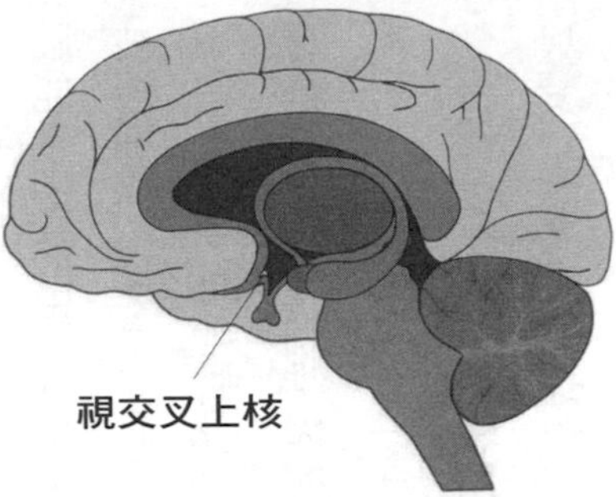

時間。這就不奇怪身體看來演化出二十四小時的生理時鐘。換言之，身體有一種節律（稱為「晝夜節律」）能導引它一整天的活動。「晝夜節律」不僅有助於決定何時睡覺、何時醒著，還有何時吃喝，甚至決定身體在何時做某些事（例如釋放激素）。

但要能夠讓身體的活動維持二十四小時的日程表，必須有些方法讓大腦和（或）身體知道時間是幾點。一九七〇年代初期，研究人員發現這種功能似乎是由「下視丘」內的一對小核負責，稱為「視交叉上核」（suprachiasmatic nuclei）。當科學家破壞老鼠的「視交叉上核」，牠們就失去維持正常「晝夜節律」的能力。⑮這些大腦受損的老鼠不會像夜行動物那樣專門在夜間活動，行為無一定的模式，二十四小時中何時醒著、何時睡覺沒有一定。

未幾，這個研究結果被發現也適用於其他動物和人類。我們現在知道，「視交叉上核」的細胞有記時的能力。它做到這一點是透過基因轉錄（gene transcription）和蛋白質合成的複雜過程（這些過程需時大概二十四小時）。「視交叉上核」的細胞也仰賴來自視網膜的資訊和其他信號（例如褪黑激素的出現：它們在黑暗中分泌得最多）來調節它們的內在時鐘，每當光線的強弱和它們記錄的時間不符就會有所反應。例如，如果你一口氣穿越幾個時區，內在時鐘就有可能被擾亂，引起時差症候群。

這些「視交叉上核」細胞與「下視丘」其他關係到切換睡眠及清醒狀態的區域有所連繫。以這種方式，「視交叉上核」神經元在調節睡眠一事上扮演著關鍵角色，設法確保我們維持二十四小時節奏，在二十四小時中睡大約八小時。當然，說需要八小時睡眠只是個約數。對很多人來說，八小時是健康的睡眠份量，但也有一些例外。有些人需要的睡眠較少，有些人需要更多睡眠。問題在於，很多人都無法睡足最起碼的時間，以致難以在白天處於最佳狀態。失眠是最常見的睡眠障礙，而雖然失眠有很多可能原因，難於盡述，但有一種我們熟悉的物質因為越來越流行而導致了更多的失眠。那就是咖啡因。

美國最受歡迎的藥物

現代社會沉迷於追求產能。很多人都帶著一份目標清單展開一天，其內容往往超過我們時間和能力的極限。儘管如此，我們仍然企圖在每天結束時把清單上的每個項目完成。通常，讓我們賴以做到這個的能量正是來自咖啡因。

根據一些估計，美國有多達九成的人固定飲用含咖啡因飲料。人們攝取咖啡因的份量與日俱增。在一九九九年至二〇一〇年之間，每人每日的咖啡因平均攝取量從一百二十毫克增加至一百六十五毫克。⑯一般咖啡因飲料的咖啡因含量各不相同，一杯十盎斯咖啡通常是一百二十毫克，一杯十六盎斯咖啡通常是一百六十五毫克。

從二〇〇〇年代開始，美國人失眠和白天睡眠的比率同樣增加——在某些年齡群特別是這樣。例如一個研究發現，在十八至二十四歲的人中間，失眠和有睡眠困難的人在二〇〇二年至二〇一〇年之間增加了三成。⑰

直接把失眠人數的增加歸咎於咖啡因消耗量增加是不科學的。雖然兩者有關，但我們不確切知道咖啡因對於失眠率有什麼影響。不過它看來大有可能是某些睡眠困難個案的原因。咖啡因的消耗在我們的社會是那麼地流行，以致你的睡眠也許已經受到影響還不自知。不過，只要多瞭解一點這種藥物是怎樣作用，就可以幫助你管理咖啡因的攝取，使其不會對睡眠發生負面影響。

咖啡因的流連效果

正如前面說過，咖啡因的主要機制是堵塞「腺苷」的受體。透過這機制，咖啡因不讓「腺苷」使你感到疲倦，導致你感覺比較精神奕奕。只要咖啡因還在體內，睡覺的開關就較不可能被關上。當然，如果你想熬夜做事，咖啡因是有幫助的，但如果它在你決定上床睡覺之後繼續發揮作用，就會引起麻煩。

咖啡因的問題是飲用後會在你身體裡停留較長的時間。所有藥物都有所謂的「半衰期」（half-life）。每當你攝取藥物後不久，身體裡的激素就會開始對它進行分解，將它排出血液。把五成藥物量排出身體所需的時間就是該藥物的「半衰期」。咖啡因的半衰期因人而異，但平均是五小時。這表示，如果你喝一小杯咖啡（比方說含一百毫克咖啡因），那麼在五小時之後，你血液裡的咖啡因濃度就會降低一半，只剩下五十毫克。接下來你的身體又需要五小時才能夠排除剩下咖啡因的一半。所以，在頭五個小時之後，你體內剩下五十毫克咖啡因，再過五小時後剩下二十五毫克，再經過五小時後剩下十二．五毫克，如此類推。

咖啡因的較長半衰期對那些在一天較晚時間喝咖啡的人構成了問題。例如，如果你在傍晚六點半之後喝兩百毫克咖啡因的一大杯咖啡，那麼到了晚上十一點半，你的體內還有大約一百毫克咖啡因。你也許已經有些睡意，但當你躺下來要睡覺，血液裡剩下的咖啡因便會使你較難成眠。

那麼你可以喝一杯咖啡或茶的最晚時間是幾點？答案視乎你的體質而定，不同的人對咖啡因有不同反應，而不同的因素（從遺傳到年紀到是否懷孕）都會影響咖啡因的半衰期。例如年老或懷孕都會拉長咖啡因的效果：懷孕九個月的婦女，咖啡因的半衰期可長達十八小時！⑱對某些人來說，下午兩點喝最後一杯咖啡還不算晚，但對其他人來說，中午也許就是極限。

有一個實驗把受試者分為三批，讓他們分別在要睡時、睡前三小時和睡前六小時攝取四百毫克咖啡因。不讓人意外地，在睡前零小時或三小時喝濃咖啡的受試者睡眠受到嚴重干擾。不過，睡前六小時喝濃咖啡的受試者一樣受到干擾：他們的睡眠總時數減少超過一小時。⑲

為睡眠補充褪黑激素

雖然今日有很多治療失眠的處方藥物，但如果你想買一種不用處方箋的藥物，褪黑激素也許是一個可行的選擇。褪黑激素由大腦中的「松果腺」（pineal gland）所產生（「松果腺」被認為在調節「晝夜節律」一事上扮演重要角色）。合成的褪黑激素也可以在藥房買到，而有一些證據顯示，它除了可以改善整體的睡眠品質，有時也能夠稍微減少入睡所需的時間。⑳不過，如果你決定要使用褪黑激素，必須慎重其事。褪黑激素和其他草藥補充劑並不受「食品藥品管理局」管制，無法保證產品是不是包含足夠發揮功能的褪黑激素含量。所以應在購買褪黑激素前先做些功課，研究哪一家藥廠的產品比較值得信賴。

另一個小型實驗讓受試者一覺醒來之後馬上攝取一百毫克咖啡因。受試者（全是固定喝咖啡的人）在早上七點正之後攝取兩百毫克咖啡因，然後在晚上十一點就寢。不過就連這樣，睡眠的總時數還是會稍微減少，也會讓睡眠期間的腦部電活動有所不同。㉑

失眠有很多可能的成因，即使你是常喝咖啡的人，咖啡因也不一定是造成你睡眠困擾的最主要因素。所以想要知道為什麼失眠，需要經過一番試誤的工夫。不過，由於長期失眠逐漸被認為和嚴重健康問題（從心血管疾病到癌症）有關，找出失眠的原因和做出必要的改變，有可能是你人生中最重要的健康決定。

第4章

語言

Language

有希（Yuki）在五十三歲那年入院治療，原因是他突然出現了一些嚇人的症狀，包括頭痛欲裂、視力模糊和口齒不清。經過一些檢查後，醫生們斷定有希是腦出血。

腦出血是非常嚴重的問題。腦出血的發生是因為腦裡面一條脆化的血管破裂，把血液濺到四周的腦組織。血液會在血管外面累積，形成稱為血腫（hematoma）的團塊。隨著血腫變大，它會破壞附近的神經元，佔去頭骨內的空間，讓腦部其他區域受到壓縮，有受損之虞。由此而導致死亡或嚴重失能的風險很高。

不過有希很幸運。醫生們在他左腦找到一大團血腫，成功動手術將之移除。手術過後，有希的症狀大多消失——唯獨語言方面的問題繼續存在。在很多方面，他都能夠正常說話：他在使用動詞、形容詞、副詞和其他大多數詞類的時候都毫無問題。但名詞卻是另一回事。有希記不起來各種東西是什麼**名字**。樹木、牆壁、他自己的腳——這些東西他全都認得，卻想不起來它們的稱呼。不奇怪地，這讓他和別人溝通起來困難重重。

例如你問他湯匙是什麼，他會這樣形容：「那是我把食物送入嘴巴的工具。」他甚至還能夠示範湯匙的用法，但他就是無法說出「湯匙」這個字。當醫生讓他看一幅馬的圖片時，他說「那是會在星期天電視上奔跑的東西。」①

有希得到的語言障礙是所謂的「命名失語症」（anomic aphasia）。「失語症」泛指腦損傷造成的任何語言障礙。anomic 一詞可以翻譯為「命名困難的」。「命名失語症」一般是比較輕微的失語症，因為病人常常還是可以在不使用名稱的情況下和別人溝通。通常他們可以靠形容事物的樣子來做到這一點（就像有希對馬的形容那樣）。透過形容、手勢和表情，他們也許還是能夠傳達自己的意思（特別是在對方瞭解他們的狀況和願意保持耐心的情況下）。不過「命名失語症」仍然會讓人十分挫折，因為患者總是覺得他們想使用的字眼就在嘴邊，但就是想不起來。

失語症有很多不同類型，而不同失語症的缺陷非常分歧：從無法使用某些詞類到失去閱讀能力不等。甚至有些人能寫不能讀（這就創造出一種奇怪的情景：他們可以寫出一個句子，卻讀不出來）。失語症的分歧讓我們瞭解到大腦需要把多少不同的資訊組合在一起才能產生出語言，因為它證明了只是把任何一種成分抽走，語言都會受到嚴重擾亂。

事實上，語言不是單一種技巧，而是很多種技巧的集合。光是說出「我去了雜貨店」這麼簡單的一句話，就涉及很多事情，例如：從記憶中找尋必要的辭彙，對字眼做出選擇，喚起把文字串在一起的文法規則，以及協調嘴巴、舌頭和喉嚨的肌肉把話說出來等。說話是複雜精密的交響樂演奏，而你的大腦就是指揮家。

事實上，語言在很多方面都是人類大腦最讓人印象深刻的功能。我們不只有能力表達自己，還有能力以繁複和別出心裁的方式表達。而且不只能夠即時溝通，還能夠把資訊一代一代傳遞下去。這讓我們有別於動物。我們很難想像沒有語言的人類會是什麼樣子。

不過，我們似乎有點把它視為理所當然。人類對上一次為我們這種不可思議的能力感到吃驚是什麼時候？這種能力讓我們在地球的生物層級上站在一個獨一無二的位置，讓我們可以做形形色色的事情（包括在餐廳點餐和對情人表達愛意）。

如果你是像我這樣的人，八成不會對語言想太多。對大部分人而言，語言都是不費吹灰之力，不需要多想，除非你正在寫書之類（這時你就會需要殺死大量腦細胞）。我們不費多少工夫就掌握語言的能力。事實上，在大約七歲以前，我們的大腦特別擅於學習語言②（近年也有研究者主張，這個擅於學習語言的階段可延長至青春期，甚至十八歲）。③

不過到後來，我們的大腦會變得較沒有彈性，只能夠體會一種語言之內的細微分別，無法同時出入於多種語言。雖然有這種僵固性（又也許是拜這種僵固性所賜），到了成年之時，我們平均已學會超過四萬個單字④，而且大部分不需要努力就能學會。

然而有希的「命名失語症」讓我們認識到人類的語言能力有多麼脆弱。只需要一次腦出血或任何的其他神經症狀，都可以讓我們花了一輩子學來的語言能力快速瓦解。不過失語症雖然讓病人吃足苦頭，卻教給我們大量有關語言神經科學的知識。事實上，我們現在對於大腦是怎樣處理語言的概念，就是透過研究失語症病人而打下基礎。

布羅卡遇見「坦」

一八六一年四月，一個五十一歲的男人在巴黎近郊比塞特爾醫院（Bicêtre Hospital）接受手術，切除一條因細菌感染而生了壞疽的腿。這個病人名叫萊沃爾涅（Leborgne），為他動刀的外科醫生是布羅卡（Paul Broca）。

萊沃爾涅一生吃盡苦頭，當他去到布羅卡的外科單位時已離死亡不遠。他在年輕時得到癲癇，三十歲失去了流利說話的能力，四十歲前後開始喪失身體右半邊的功能，最後變成半邊癱瘓，必須臥床。然後，他的認知能力和視力也開始惡化。腿上的細菌感染看來是他身體能夠承受的最後折磨。

這些特徵並沒有讓萊沃爾涅在醫院的病人之中特別突出，但他嚴重缺乏語言能力這一點卻引起了布羅卡的注意。萊沃爾涅看來有話想說，但每次他設法說話，來來回回都只能擠出一個「坦」（tan）字。醫院裡的人因此給了他取了外號叫作「坦」（事

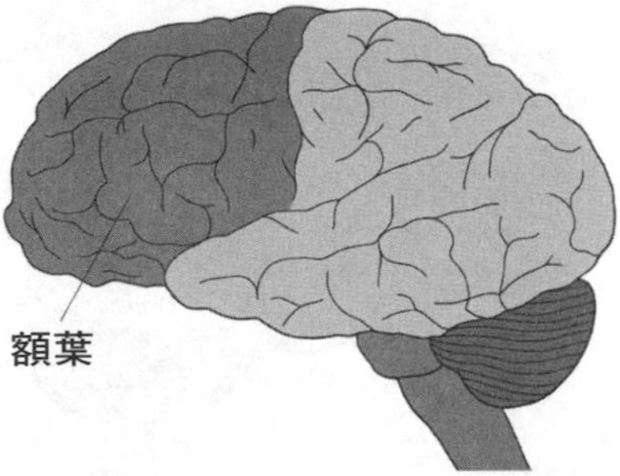

實上，在講述萊沃爾涅的故事時，人們常常就只稱他為「坦」，所以現在很多心理系和神經科學的學生都以為他的名字就是坦。）

布羅卡不只是外科醫生，還是現代史上最有影響力的神經科學家之一。對他來說，萊沃爾涅不只是普通病人。他讓布羅卡有機會可以對一個爭論做出仲裁：語言能力是出自大腦的哪個部位？而這個爭論又是更大爭論的一部分：大腦的不同部分是各有所司，還是在各種功能上都有出一份力？

語言乃是後一爭論的一個重要部分，因為有些證據顯示，它是寄託在大腦的前面部分，這個部分稱為**額葉**（frontal lobe）。看見萊沃爾涅的情況之後，布羅卡意識到這個病人也許可以提供他測驗此一假設的寶貴證據，因為，如果布羅卡研究萊沃爾涅的額葉且發現它受到損害（例如遭到癲癇症的破壞），那就可以

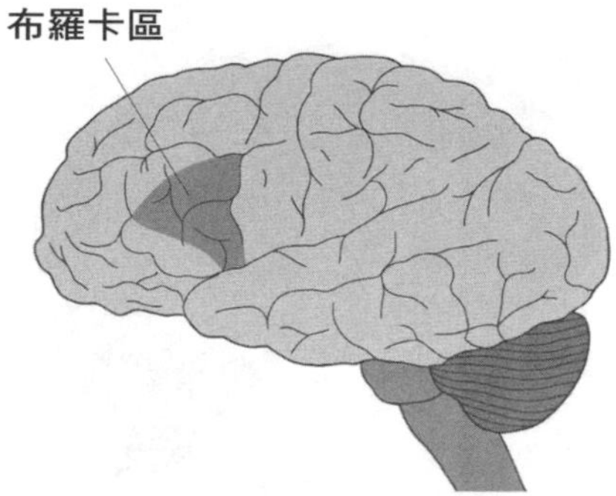

支持額葉是產生語言的腦區的主張。

萊沃爾涅入院後不到一星期便死去，布羅卡在二十四小時之後即對他進行驗屍，顯然是心情興奮（這在我們看來也許有點麻木不仁）。檢視萊沃爾涅的大腦時，布羅卡發現好幾個區域都受到破壞，但最嚴重的破壞是出現在額葉。事實上，病人的額葉還出現了一個布羅卡形容為「雞蛋大小」的凹陷。⑤

接下來兩年，布羅卡遇到了好些患有同一種失語症的個案。驗屍結果顯示，這些病人也都有著額葉受損的情形。

讓布羅卡驚訝的是，這些損傷一貫出現在左額葉。這很稀奇，因為直到當時，科學界都假定兩個大腦半球的作用是一模一樣的，但現在卻有一種功能缺損看來只發生在單個大腦半球受損的情況下。

這個和語言能力受損相關的專門區域，後來被稱作「布羅卡迴」（Broca's convolution），後改稱「布羅卡中樞」（Broca's center），最後又被稱作「布羅卡區」（Broca's area）。「布羅卡區」今日已和語言產出（language production）是同義詞，九五％的情況都是位於左腦半球。⑥由它引起的語言問題主要是缺乏說寫流利語言的能力，被稱為「布羅卡失語症」。

就像萊沃爾涅一樣，得到「布羅卡失語症」的人說話時難以找到對應的字眼。即使他們費盡力氣找到字眼，說話時仍然會漏東漏西。例如，如果你要他們描述去雜貨店的經過，這些病人會說「去了……店」之類，並且在這兩個字之間停頓很久。

韋尼克得到自己的腦區

布羅卡時代的科學家都不太願意相信「布羅卡區」是專門負責說寫語言的腦區，理由主要是因為這樣會否定那個在當時形同教條的假設：兩邊的大腦半球完全互相對應。

在布羅卡遇到萊沃爾涅大約十五年後，一個名叫韋尼克（Carl Wernicke）的年輕德國醫師為語言是寄託在左腦的主張提供了一些額外支持。韋尼克得到了一個和布羅卡類似的發現：他發現左腦有一個區域如果受損，就會導致一種典型的語言缺損。

這個區域後來被稱為「韋尼克區」（Wernicke's area）。不過，「韋尼克區」受損的病人所呈現的語言障礙，在某些方面和「布羅卡失語症」的病人剛好相反。「韋尼克失語症」的病人沒有產生語言的困難。事實上，他們說起話來不費吹灰之力，一般都帶有正常人的節奏和抑揚頓挫。只不過，他們說出來的字眼常常不具有意義。

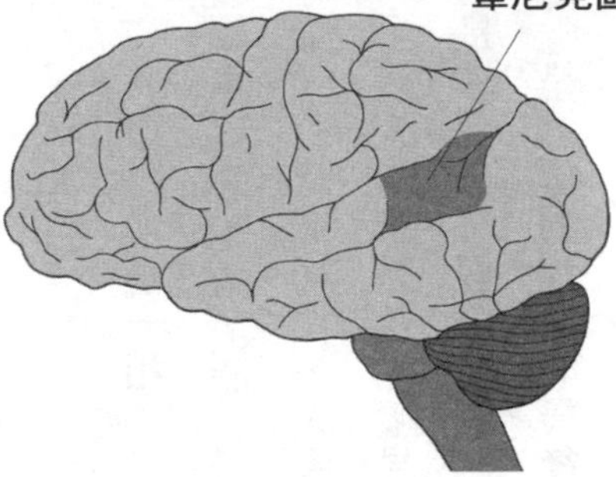

這些病人講的話讓人費解，經常用一個字取代另一個，把字的音節搞亂，甚至自造新詞。例如，一個「韋尼克失語症」的病人在描述自己去雜貨店的情形時，也許會這樣說：「去了『事得』（雜貨店），買了『百巴』（雜貨）。雖然我買了『百巴』，還是得要拿到『遮』（車）上。這不容易。」這病人想要說的是，他去雜貨店買了東西，然後必須把東西拿到車上。但他用自造新詞取代了「雜貨店」和雜貨，又在說「車」字時用韻母ㄓ代替韻母ㄔ。這些小小的出格加起來會讓整個句子難以理解。

「韋尼克失語症」的患者在理解語言上也會感到困難。因此，這種障礙整體來說是牽涉意義的缺乏。病人無法完全掌握別人話語的意義，也難以在自己的話裡灌注別人能夠理解的意義。

互相競爭的兩邊大腦半球

「布羅卡區」和「韋尼克區」被發現後（還有發現與它們相關的失語症），神經科學家開始相信，語言是少數極依賴單一大腦半球（左腦）的腦功能之一。這種功能專業化有時被稱作「大腦優勢」（cerebral dominance）。

後來的實驗為左腦具有語言優勢的主張提供更多支持。這些研究之中最不同尋常的是涉及了一個接受過「胼胝體切開術」（corpus callosotomy）的病人。「胼胝體切開術」是治療癲癇症的最後手段，方法是切斷人腦最大一束神經纖維：一條稱為「胼胝體」（corpus callosum）的路徑。那是連接兩邊大腦半球之所賴。

這種手術背後的理路在於，癲癇症是由大腦神經元群組的過多電活動導致的廣泛神經元功能失調所引起。通常，這種反常活動會先出現在一邊的大腦，然後透過「胼胝體」傳到另一邊大腦。所以切斷「胼胝體」可以把過多的電活動截留在一邊的大腦

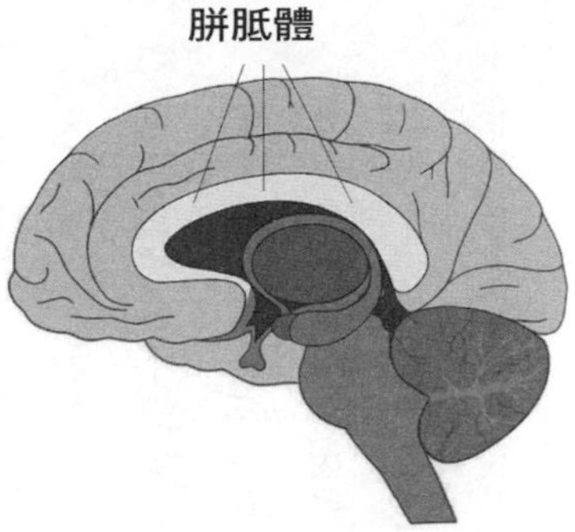

半球，從而減低癲癇發作的頻率和嚴重程度。

因為是一種侵入性腦手術，「胼胝體切開術」一般只會用在那些無法從其他療法獲得改善的病人。讓人驚訝的是，這種手術並沒有顯著的不良副作用。不過，對病人進行深度檢測卻顯示，「胼胝體切開術」有一些奇怪的後遺症（特別是在語言方面）。

關於這方面研究的先驅者，是加州大學理工學院教授斯佩里（Roger Sperry）和他的研究所導生加扎尼加（Michael Gazzaniga）。[7]斯佩里本來一直研究「胼胝體切開術」對貓的影響，但最後拿相似的方法來研究接受過「胼胝體切開術」的病人——他們後來被稱為「裂腦」病人（“split-brain” patients）。

舌尖現象

我們都曾有過設法要想起一個字卻怎樣也想不起來的時候。我們認識這個字，但出於某些理由，我們的大腦不讓我們想起來。你八成會說這個字「就在你的舌尖上」，而讓人訝異的是，用來稱呼這種事情的科學名詞就是「舌尖現象」（tip-of the-tongue phenomenon）。（說這會「讓人訝異」是因為科學家說話通常不那麼直接。）導致「舌尖現象」的原因迄今仍不完全清楚，但它明顯代表著某種記憶失靈。不過，這種時候最錯誤的做法就是在腦子裡繼續搜索那個字，因為這樣做只會讓你繼續使用大腦已經用過的無效線索。相反地，你應該暫時忘掉這回事，過一會兒之後再重新思索。如此，那個字就很有機會在你等待時自動出現。

斯佩里和加扎尼加的實驗方法是向病人呈現一些物體（例如鉛筆或汽車鑰匙），但起初只讓物體的感官資訊傳到一邊的大腦半球。能夠做到這一點，是因為很多神經路徑都是在一邊的大腦半球和另一邊的身體之間傳達訊息。例如，最初來自你右邊視域的資訊會先傳到左腦去處理。來自左手的觸覺資訊則會先傳到右腦。

一般來說，感官資訊在到達一邊的大腦半球之後，會透過「胼胝體」之類的路徑和另一邊的大腦半球分享。然而，在「裂腦」病人身上，感官資訊到達一邊大腦半球後只能停留在那兒。因為「胼胝體」已經被切斷，大腦無法與另一邊的大腦半球分享資訊。

所以，當斯佩里和加扎尼加將一把鑰匙只呈現在一個病人的右視域，資訊會傳到左腦。當他們問病人看見什麼時，他回答說「鑰匙」。事情至此都沒有什麼特別的。

不過，當他們把鑰匙呈現在病人的左視域時，變成只有右腦得知資訊，左腦被蒙在鼓裡。這一次當病人被問到他們看見什麼的時候，會說不出來。他們常常表示自己什麼都沒有看見，或者只是隨便猜測。然而，他們卻可以畫出鑰匙的樣子或從一群物體中挑選出鑰匙：這意味著他們實際上仍看得見鑰匙。但少了左腦的語言能力，他們無法清楚表達。這些觀察支持了左腦有一些區域對於語言特別關鍵之說。當我們無法接通它們，語言就會受到阻礙。

部分是拜斯佩里和加扎尼加的實驗之賜，現在廣泛相信，在語言一事上，左腦在大部分人身上起著決定性的作用（大約九五％慣用右手和七〇％慣用左手的人是這樣）。⑧然而，這並不表示右腦毫無作用。就像我提過的，語言包含很多不同的成分。即使左腦包辦了這些成分的大多數，仍然有大量工作需要右腦去做。

右腦常常受到忽視的角色

例如，右腦被認為對我們產生和理解說話的抑揚頓挫扮演重要角色。抑揚頓挫讓我們可以在說話中傳達感情。沒有了抑揚頓挫，一番話會顯得單調和缺乏感情。有些右腦受傷的病人說話時會面無表情，或是難以瞭解別人說話時的情緒。因為這樣，他們也常常會誤解別人的話。右腦對於理解語句的關係和評估脈絡同樣重要。因為沒有這種能力，病人常常難以和別人發生有意義的互動。⑨

這只是右腦被認為擁有的語言功能的其中兩三種。右腦還有很多其他語言功能。

所以，在語言一事上，右腦遠遠不是被動的，而且還有著重要貢獻。儘管如此，左腦仍然被認為扮演著主導角色，而我們對於大腦是怎樣處理和形成語言，一般也是比較按著左腦的功能立論。

語言的古典模型

說明大腦是如何創造語言的古典模型最初是由韋尼克率先發展出來，後來再經過好幾次的修正——最近一次修正是在二十世紀下半葉由美國神經學家賈許溫德（Norman Geschwind）所提出。⑩這次修正的焦點是放在「布羅卡區」和「韋尼克區」，以及它們是如何互動。

根據這個模型，「韋尼克區」在語言理解上扮演關鍵角色。當我們聽到語言時，聽覺資訊會從聽覺皮質傳送到「韋尼克區」，而「韋尼克區」會從聲音抽取出意義。類似地，當某個人想說話時，「韋尼克區」會把意義加在話語上，讓話語變得可理解。

為了要把話說出來，「韋尼克區」把要說的話語的資訊傳送到「布羅卡區」。根據這個模型，話語產出的一個關鍵成分是一大束的神經纖維，稱為弓狀束（arcuate

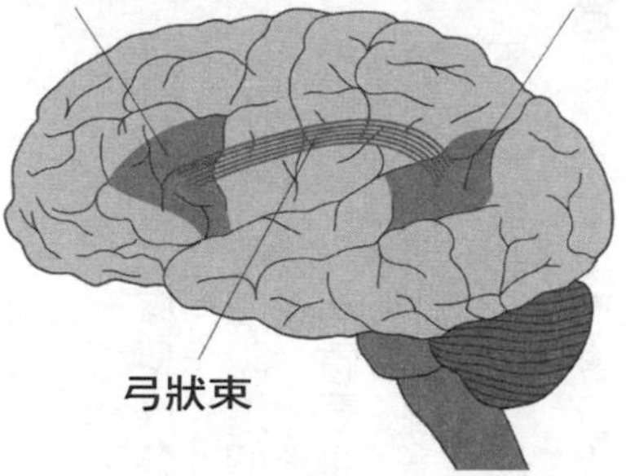

語言古典模型牽涉的腦區

fasciculus），它是連接「韋尼克區」和「布羅卡區」之所賴。有關你想說的話語的資訊會沿著這條路徑傳送到「布羅卡區」。然後「布羅卡區」會發訊號給運動皮質（motor cortex，主管自主運動的大腦部分），而運動皮質會活化說話肌肉（例如嘴巴肌肉、喉嚨肌肉和呼吸肌肉）。這樣，話就被說了出來。

所以，在這個模型中，「韋尼克區」負責加入意義，「布羅卡區」負責協調說話所必需的肌肉運動。我們在「韋尼克失語症」和「布羅卡失語症」所看見的缺損也由此得到解釋。它們分別是由於語言理解中樞和語言產生中樞的受損而引起。但語言是複雜的，如果這個模型是正確的話，事情就未免有點太過簡單了。

一個更複雜的畫面

語言的古典模型以各種略微不同的外觀流行了一百多年。幾乎每一門認知神經科學的導論課都會解說這個模型，也是生理心理學教科書的必備成分。它的最大吸引力來自於夠簡化。語言要是真的是以這種方式在大腦中運作，那我們就用不著擁有一個神經科學學位才能理解。

不過，每當一個有關大腦如何運作的假設看來太過於簡單的時候，它幾乎總是真的過分簡化了，而今日大部分的專家都同意，古典模型在一些方面確實有所不足。一個常見的抱怨就是，我們現在已經有了汗牛充棟的證據可以證明，語言除了理解和產生以外，還包含很多次級的工作（從選擇字詞到加入文法到啟動和語言有關的運動），所以需要比古典模型主張的、還要更多的腦區來輸入。遠遠不只是寄託在兩個腦區的一種功能，語言看來分布在很大一部分的大腦皮質，以及分布在其他後面會討論的結構體（例如「基底神經節」和小腦等）。由於事情牽涉很多腦區，這也必然意味著有很多用於連接這些不同區塊的路徑存在。

另一個批評是，雖然「布羅卡區」和「韋尼克區」被視為大腦中的語言中樞，但對於這兩個區塊，我們都沒有精確的定義——不管是功能上還是解剖學上的精確定義。為了突顯這一點，語言研究者特倫布雷（Pascale Tremblay）和迪克（Anthony Dick）在二〇一五年訪問了一批研究語言的神經生物學家，請他們具體指出「布羅卡區」和「韋尼克區」在腦中的位置。有關「韋尼克區」的位置，受訪者的意見頗為分歧：共有七個不同位置被人提出來，其中沒有一個得票超過三成。「布羅卡區」的情況要好一點，有一個位置的得票達五成，但其他票數散布在其他六個位置。⑪

對「布羅卡區」和「韋尼克區」的功能性定義尚未完全定案。「布羅卡區」和語言產生有關已成為教條，但這區塊在產生語言上的具體作用卻懸而未決。例如，它對產生話語的肌肉運動是必要的嗎？它是不是和語言記憶有關？它是不是和語法有關？它是不是和這一切都有關？這些問題的答案都不清楚。

當我們考慮到有研究發現「布羅卡區」同樣有關語言**理解**⑫，以及有關一些和語言看來只有間接關係的功能（例如計畫和啟動運動）⑬，情況會變得更加複雜。類似地，「韋尼克區」也被發現和語言產生有關，而且甚至並非語言理解所不可少。⑭事實上，有鑑於此等原因，某些研究者主張我們不要再使用「布羅卡區」和「韋尼克區」這兩個術語。⑮

所以當代的語言模型一般都不再聚焦在「布羅卡區」和「韋尼克區」。代之以，它們主張語言涉及很多連接不同腦區的不同路徑。這讓大腦處理語言的畫面更複雜，但也更精確。儘管如此，我們面對的問題仍然要多於答案，而且神經科學家也繼續努力尋找一個更精確的模型，以說明大腦是如何產生和理解語言。

失去語言時

正如前面提過，雖然語言極為複雜，但大部分人在人生早期都能頗為輕鬆地學會語言。但有一種情況會讓一個認知能力正常的孩子在學習語言時備感艱辛：成長在一個完全沒有語言的環境中。

這種情況當然極為罕見，只會發生在極為隔離和極端受虐的情況。道德考量讓我們無法以實驗方式研究這個課題，但有好些個案顯示了這一類剝奪會對語言發展造成何後果。有一個知名個案的當事人在人生的頭十三年幾乎沒有和別人發生互動。起初為了保護她的私隱，稱她為「精靈」（Genie）。⑯

「精靈」是在一九七〇年母親帶她去申請公共援助時被一個社工發現的。當時「精靈」十三歲又九個月大，但體重只有二十八公斤。她無法站直，腹部因為飢餓而隆起。她不會控制大小便，也不會說話。當她母親無法清楚解釋女兒的狀況時，社工通報了警察。一件駭人的虐童事件就此曝光。

約莫從一歲半開始，「精靈」大部分時間都被關在小房間裡，綁在一張便盆椅上。睡覺是睡在一張蓋了鐵絲網的拼湊嬰兒床上。她房間的門總是關著，窗簾總是拉上。

她父親像暴君統治著家裡。他不喜歡小孩，並且認為「精靈」是殘障，注定早夭（這主要是因為她生來患有先天性髖關節脫臼，到了該會行走的年紀卻不會走路）。他吩咐「精靈」的母親和哥哥不要和「精靈」說話，他們因為害怕而不敢違逆。每逢「精靈」發出聲音，他就揍她——要麼是動拳頭，要麼是用木板。

所以當「精靈」被發現時，她不只很少和別人溝通，還幾乎沒有聽過任何人說話。將她帶離受虐的環境之後，醫生和研究人員設法挽救她低度發展的語言能力。經過檢查，「精靈」的認知能力看來足以學習語言。根據智商測驗，她的心智年齡介乎五至八歲之間。

起初「精靈」看來有希望學會語言。逃出生天九個月之後，她能夠一次用兩個單字說話，例如說「想喝牛奶」和「橙色門」之類。滿一年後，她可以結合三、四個單字說話，例如「棕色小手套」。又一年後，她開始懂得使用動詞片語，例如「喜歡喝牛奶」。

研究人員滿懷希望。雖然進展緩慢，但是「精靈」看來能夠以漸進方式發展出一個普通小孩的語言能力。

不過，當大部分小孩達到「精靈」所處的語言發展階段時，語言能力會開始突飛猛進。這是進入了所謂的「語言爆炸」時期，一般開始於十八至二十四個月大的時候。⑰在這個階段，詞彙急劇膨脹，文法開始到位。說的話雖然仍然簡單，但這些話的複雜性不斷增加，以致到了三歲，大部分小孩都能夠相當有效率地溝通。看在父母的眼裡，這真是一個奇蹟：就在兩到三歲之間，小孩轉化成為小大人。

可惜的是，「精靈」並沒有追隨這種發展軌跡。經過七年之後，她學會了數百個單字，但只能夠以短句說話。她無法掌握文法，不會使用時態。她也不瞭解介詞和代名詞。她的語言能力從沒有超過學步幼兒的程度。

人生對「精靈」來說依然十分艱難。她有幾十年時間輪流住在寄養家庭和機構。研究人員最終失去她的下落，她再次落入無人聞問的處境。沒有人知道她現在身在何處。

關鍵階段

「精靈」和其他類似個案支持了語言學習有一個關鍵時期的論點。根據這種主張，我們的大腦在人生某個時期會對語言特別有接受性。如果沒有在這個時期學會語言，日後要把它學起來就會困難得多。這段關鍵時期會持續多久，至今仍然有爭論，不過一般都同意：進入青春期之後，人類學習一種新語言的能力就會大幅降低。⑱

關鍵時期對於語言學習的影響力也可以從學習外語得見。如果一個小孩在人生早期就學習一種外語，那麼他們說這種外語的流利程度最後往往不下於母語人士。不過，如果等到七或八歲才學一種外語，他們就更可能會有腔調，而且這些腔調也許永遠不會消失。⑲

透過影片學習外語

研究發現，懂得一種以上的語言有很多好處，例如提高注意力⑳和預防失智症等等。㉑這就不奇怪有些父母極力尋找可幫助小朋友學習外語的產品，也有很多公司積極推出這方面的產品。不過，如果你也在這種父母之列，還請記住，研究顯示雖然小小孩可以透過別人的教導學說外語，但卻不太能夠透過影片來學習。㉒隨著小孩長大，他們會更有能力從影片學習，但如果你希望小孩從非常早歲就開始學習一種外語，最好還是親自教他們或者和他們一起學習。

另一方面，人在成年之後仍然有可能學會一種外語——只不過要花費極大的努力。所以有些研究者主張，語言的「關鍵時期」更應該被稱為「敏感時期」：一個很容易學會一種語言的時期，但不是學會該種語言的唯一時期（前提是你對某種語言多少有一些接觸，不像「精靈」那樣完全沒有聽過別人說話）。

我們不清楚嬰兒和學步兒的大腦有什麼特殊之處，讓他們能夠那麼快速地學會語言。大腦迴路在人生早期也許更具有可鍛性，使語言學習變得更加容易。能夠瞭解大腦何以在某個年紀更擅於學習語言，大概會讓我們更加明白大腦是怎樣發展出語言這種廣泛被認為是人類定義性特徵的溝通工具。或者至少，可以為我們這些到了較年長才學習外語的人提供一些祕訣。

第5章

難過

Sadness

在二〇〇四年一個平淡無奇的早晨，邁亞特（Malcolm Myatt）如常準備早餐，渾然不知他的人生將會發生激烈改變。讓他最先感到有什麼不對勁的，是他的右半邊身體奇怪地變得越來越沒有氣力。然後，他開始反常地笨手笨腳：當他端著咖啡走上樓梯的時候，把半杯咖啡灑了出來。

邁亞特出現了嚴重中風的早期症狀。幸運地，他存活了下來。不過他的個性卻以驚人的方式——雖然也許不是讓人不快的方式——發生了改變。

中風會發生，是因為流到大腦的血流受到擾亂，通常都是因為一塊血栓塞住了血管（另一個較不常見的原因是腦出血）。當這樣的事情發生，大腦的各區域就會缺血，也因此缺氧。缺氧幾分鐘之後，神經元就會開始死亡。神經元死亡會引起各種不同症狀，端視大腦是哪個部分的血液供應短缺而定。例如，若是主管動作的腦區受到中風影響，病人就會無力或癱瘓（因為大腦很大一部分都和運動有關，所以很多中風都會讓病人變得不靈活）。通常只有半邊身體會受到影響，因為中風通常只會影響半邊大腦，而大部分自主運動的指令都來自與發生運動部位相反的另一邊大腦半球（例如左腦一般是主管右手的自主運動）。

邁亞特的中風主要是影響右腦的前部。起初，醫生們對他的康復前景並不十分樂觀，而他也花了近五個月才康復。當他最終出院時，中風帶給了他一些後遺症。他的左手失去了活動能力，走路需要使用楞杖。他在形成短期記憶時也遇到嚴重困難。但有一種後遺症特別受矚目：他失去了一種被大部分人視為人之所以為人的基本能力。他不再能夠感覺難過。

中風之後，邁亞特表示自己完全沒辦法感受到難過。「我記得自己以前能夠感覺難過，但這種事現在已不再發生。」他說。①自此，他臉上總是掛著笑容。他的鄰居開始稱他為快樂先生。

邁亞特在二〇一七年逝世，享年七十二歲。很難評估失去難過的能力對他有什麼影響。每逢被問到他失去難過情緒後的感覺，他都表示對現狀感到滿意，也對整體人生感到滿意。但這會不會只是因為他的大腦不容許他思考負面的事情？還是說，他的個案顯示出沒有了難過對我們會比較好？

邁亞特這個案例教給我們一件事情：大腦有些區域似乎可以讓我們經驗到難過。畢竟，如果部分的腦傷會導致一種情緒消失，那就代表受傷腦區的原有功能是讓該種情緒出現。不過，那些腦區到底在哪裡，至今仍然是個謎。

布羅卡和「大邊緣葉」

長久以來，「難過」之類的基本情緒對神經科學家而言一直是個謎。它們是那麼地普遍，讓幾乎任何人都可以成為被研究對象，但同時它們又是非常多樣性，會因人而異，甚至因情況而異，例如，我們感受到的難過並不是每次都一樣。有時，這種感覺很強烈，伴隨著鮮明的失落感（我們在親人死去時就會是這樣）。有時，我們的難過帶有悔恨性質，就像難過於從前做過的某些事，希望可以重新來過。有些難過讓人感到孤單，有些難過讓人可以代入他人之中。總之，這是一種面貌極為多樣的情緒。

所以，你要怎樣把這麼複雜的情緒歸結到一個特定的腦區，甚至是一批腦區的集合？雖然這也許真的做不到，但神經科學家卻已經為此努力了一段很長的歷史。

對於「有一個腦區主管難過情緒」的現代概念，可回溯至二十世紀中葉，當時科學家認為有一批結構體不只主管難過，還主管所有情緒。這個情緒系統的根源是著名神經科學家布羅卡在近一個世紀以前提出的著作。

十九世紀晚期，布羅卡處於事業的黃昏階段，時距他取得語言上的重大發現已經過了很久。事實上，當他發表了一篇和情緒非常有關（雖非直接有關）的文章時，他離去世只剩兩年。文章中，他建議將神經解剖學家劃分的大腦多增加一個分區。

一個新的腦葉

傳統上神經解剖學家把大腦劃分為四個腦葉：**額葉**（大腦接近前方的部分）、**頂葉**（parieal lobe，接近頭骨頂部）、**顳葉**（接近太陽穴）和**枕葉**（接近後腦勺）。我在前面已經提過顳葉和額葉兩三次。

這種區分一開始是以解剖學為基礎，但後來神經科學家發現這四個腦葉在功能上也各有不同。例如，處理視覺資訊的主要區域被發現是位於枕葉，因此枕葉以視力知名。不過，有很好的理由反對各腦葉各司其職、功能沒有重疊的主張。例如研究顯示，皮質有超過三十個區域和視力有關，其中只有大約三分之一

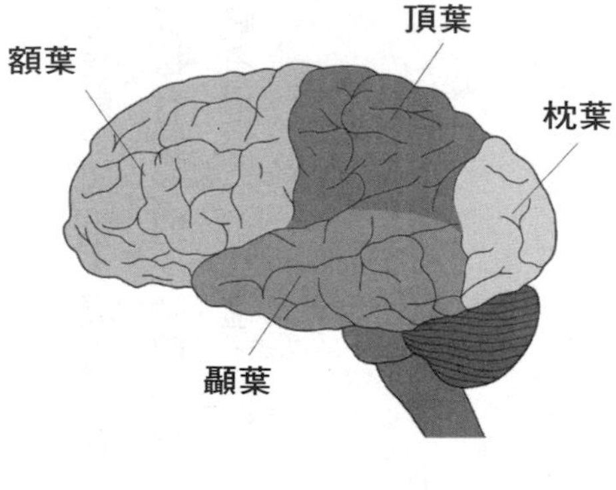

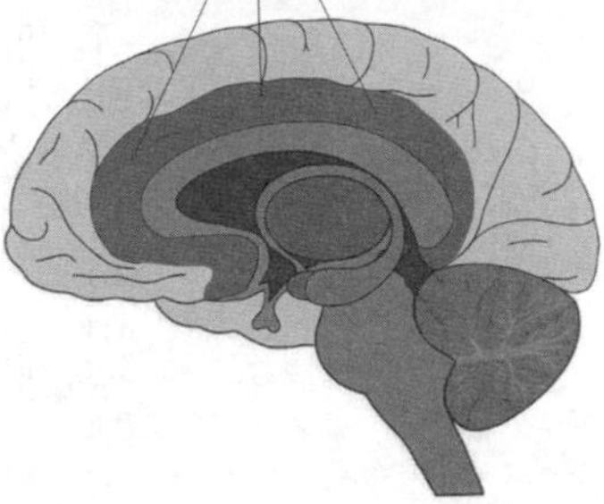

是位於枕葉。②事實上，我們大腦的大部分功能看來都散布在大腦各處，而不是集中在某一區域。

不管怎樣，把大腦劃分為幾個腦葉早在布羅卡以前便是通行的做法，而在一八七八年發表的那篇文章裡，他主張還有另一個重要的腦葉存在。③布羅卡描述了環繞著大腦深層結構體（就在皮質正下方的結構體）的一大團弧形腦組織。

這個區域在兩百年前由英國醫生威利斯（Thomas Willis）首先描述過。因為它像邊界那樣圍繞著較深的腦區，所以威利斯就把它和被它圍繞的結構體稱為「邊緣」區域（*limbic* regions）。追隨這個傳統，布羅卡稱之為「大邊緣葉」。他會加上「大」這個形容詞，是因為他覺得「邊緣葉」不只是另一個腦葉，還是大腦的一個主要分區，實際上由好幾個腦葉構成。

布羅卡的命名從此流行，而「邊緣葉」至今仍被認為是一大腦葉（不過它的知名度不及前述的四個腦葉）。和我們的主題特別相關的是，布羅卡認為「邊緣葉」的功能正是產生難過的感受。

布羅卡把「邊緣葉」關聯於原始的行為方式，認為那是我們很多行為背後的趨樂避苦驅力之所由自。但我們喜歡認為人類可以用腦部較理性的部分壓抑原始行為。這一類的衝動控制不常見於其他動物，因此有些人認為這是讓我們的物種有別於其他物種的原因之一。因此，「邊緣葉」被認為跟食慾和激情有關，而「邊緣葉」上方的大腦部分則被認為和控制這些低層次的欲望有關。

進入邊緣系統

二十世紀近中葉，多產的神經科學家巴貝茲（James Papez）以布羅卡的研究為基礎，發表了一篇文章，勾勒出一個他認為是主管情緒的新大腦迴路。④它包含好些「邊緣葉」的部分，還有一些其他結構體，例如下視丘和一些視丘的部分。不過，巴貝茲看來並不曉得自己的觀念和布羅卡的觀念有相通之處。

在巴貝茲提出了這個「情緒迴路」不久之後，耶魯大學一位年輕研究員馬克萊（Paul MacLean）把巴貝茲的模型加以擴大，給後來所謂的「巴貝茲迴路」（Papez circuit）增加一些新的結構體。他又發表大量文章，指出這個系統也許就是大腦的主要情緒迴路。因為意識到巴貝茲和布羅卡的觀念有相通之處，他開始把這個新版本的「巴貝茲迴路」稱為「邊緣系統」（limbic system）。⑤

一段時間之後，「邊緣系統」的概念在神經科學領域牢牢站穩腳跟。神經科學家們對於「邊緣系統」包含哪些結構體意見不一，但他們大多數同意這些結構體在引起情緒上起著重要作用。到了二十世紀下半葉，「邊緣系統」和情緒的關係已變得密不可分。

脫下情緒「系統」的身分

不過近幾十年來，認為「邊緣系統」處理所有情緒的主張開始退流行。導致這種改變的一個原因是，雖然「邊緣系統」有些部分對於引起諸如難過等情緒上扮演重要角色，但「邊緣系統」以外的區域在情緒反應上似乎一樣扮演著關鍵角色。

另外，有一些傳統上認為是「邊緣系統」一部分的結構體，如今更多被認為是用來處理情緒以外的事情。其中一個例子是海馬迴，它一般被當作「邊緣系統」的一部分，但如今則被認為和記憶的關係要大於情緒。

所以目前的主流思想認為，情緒並不侷限在「邊緣系統」，而「邊緣系統」有些區域的功能也不僅限於處理情緒。事實上，很多神經科學家都主張，把那麼大相逕庭的一批結構體說成有著共同目標，是犯了邏輯謬誤，所以有人甚至主張應該完全拋棄「邊緣系統」的觀念。

即使如此，「邊緣系統」的某些結構體確實在引起情緒上扮演一個角色。另外，「邊緣系統」中有一個稱為「扣帶皮質」（cingulate cortex）的部分看來對於難過特別重要。

在大腦中尋找難過

如果你把大腦對半切開，會看見有一大束神經纖維以弧形環繞大腦的一些內部結構體。這一束神經纖維被稱為「胼胝體」，在第四章已經介紹過。

環繞「胼胝體」有另一圈弧形的大腦組織，稱為「扣帶皮質」。自從「巴貝茲迴路」第一次被提出來之後，「扣帶皮質」就和情緒連結在一起。如果你沿著「扣帶皮質」往大腦的前方移動，去到它像屈膝般那樣彎曲之處，你就是到了所謂的「膝下扣帶皮質」（subgenual cingulate cortex）。有些研究者稱這區塊為「難過中樞」。

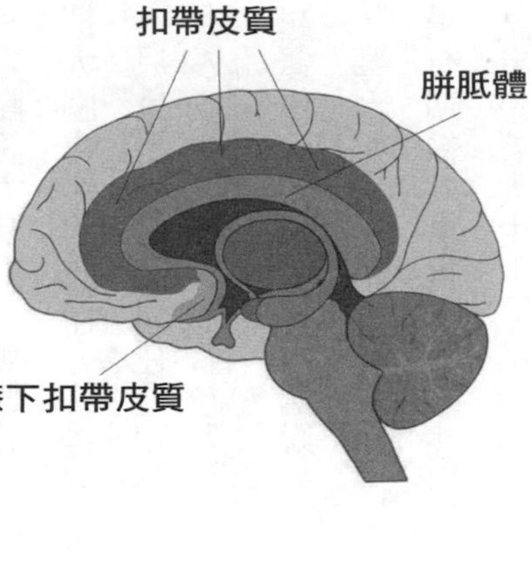

到了這個時候，各位大概對「中樞」兩個字已經有一點提防心理，感覺把大腦組織的一小部分說成是難過那麼複雜的情緒的中樞，看來有一點點誇大其詞（類似於把杏仁核稱為「恐懼中樞」——我們已經在第一章指出過，把大腦複雜的運作方式過度簡化常常會誤導後果）。難過不只是一種複雜的情緒，也不只是不同的情緒往往和不同的腦區有關，而且「膝下扣帶皮質」也和很多其他腦區形成連結。當我們看見腦區以這種方式彼此連結，它們便大有可能是以網絡的方式一起運作。把一種功能關聯於一個網絡的一個部分而忽略其他部分，總是一種過度簡化，甚至是直接錯誤。

即使如此，我們不能排除「膝下扣帶皮質」確實和難過有關係。事實上，好些研究都顯示這種關係的存在。例如，有一個研究要求女性受試者想著人生中難過的事，並觀看一些愁眉不展的人的照片，與此同時用神經成像儀器監察她們的腦活動。在這些情況中，「膝下扣帶皮質」總是被活化的腦區之一。⑥另一個研究發現，當健康的人回憶不愉快的往事時，「膝下扣帶皮質」的活動就會有所增加。⑦但最受人矚目的證據來自那些難過得最為極端的人：憂鬱症患者。

處於憂鬱中的「膝下扣帶皮質」

今日我們傾向於以有點隨便的方式使用「憂鬱」這個字。例如，一個少年人也許會因最好的朋友去渡假，沒有人可以一起玩，所以說自己感到「好憂鬱」。有些有企圖心的成年人在升職機會落空之後，也會說自己感到憂鬱。

但醫學意義上的憂鬱——通稱為「重鬱症」（major depressive disorder）——一點都不像通俗意義下的「憂鬱」那樣是指轉瞬即逝的難過。患有「重鬱症」的人天天情緒低落，幾乎失去了感受愉快的能力。他們通常對患病前感興趣的事情不再感興趣。他們常被睡眠問題困擾（不是失眠就是睡太多），懷有無價值感或非理性的內疚，會產生自殺念頭。他們的絕望感足以讓他們失能，甚至喪失生命（據統計，憂鬱症患者在自殺總人數中佔了大約六成）。⑧

憂鬱症患者更容易罹患很多其他慢性病（從心血管疾病到糖尿病）。這個事實，以及自殺風險的增加，讓憂鬱症患者的平均壽命比一般人短少二十五至三十年。⑨一些研究顯示，論縮短壽命的能力，憂鬱症和吸菸近乎不相上下。⑩

這就怪不得科學界重視研究憂鬱要多於難過。短暫的難過（例如一段感情結束或一次升職機會落空時會感受到的那種）完全是正常的情緒，也被心理學家認為是處理失望或失落的健康方式。因此，完全瞭解難過也許不會帶來直接的臨床利益，但掌握了憂鬱的神經生物學卻可以拯救生命。不只憂鬱研究的潛在社會利益吸引科學家從事這一類研究，他們也更有可能得到大型基金會的資助。

當然，瞭解憂鬱也許可以幫助我們更瞭解難過，因為就某些方面來說，憂鬱亦是難過的一種特別強烈和持久的形式。這就不奇怪「膝下扣帶皮質」也被認為和憂鬱症有關。神經成像研究發現，「膝下扣帶皮質」的活動在病人處於憂鬱時會增加⑪，又在病人服用抗憂鬱藥物六星期之後有所減少。⑫有些研究發現憂鬱症患者的「膝下扣帶皮質」出現結構反常。這主要發生在那些有情緒失調家族病史的病人身上，而這表示，「膝下扣帶皮質」的反常可能是導致憂鬱症的潛在遺傳因素。⑬

但是，最能夠顯示「膝下扣帶皮質」和憂鬱症相關性的證據來自一種稱為「深層腦部刺激」（deep brain stimulation）的方法。「深層腦部刺激」是一種外科干預術，靠著把一組會釋放電脈衝的裝置植入腦中達成。它是一種相對新的療法（首次使用是在一九八〇年代晚期），而我們迄今仍未完全搞清楚它是如何導致有利效果。不過它的基本構想是：如果能夠把刺激裝置放在對的地方，電脈衝就可以擾亂導致失調的反常腦活動。

「深層腦部刺激」不是對每個人都有效（詳下文），而且需要進行侵入性的腦手術，所以，除非病人用過其他各種方法都無效，否則一般不會選擇此法。到目前為止，美國食品藥物管理局還沒有同意讓它成為憂鬱症的療法（只同意用它治療帕金森氏症、強迫症和癲癇）。

所以，對其效力的研究通常都是得自嚴重憂鬱的病人，他們試過其他傳統療法都不管用。當這類病人（稱為「難治型」〔treatment-resistant〕病人）接受一般療法時，只有一〇％症狀減少，又只有三％到四％獲得「緩解」（指症狀減低至正常或近正常狀態）。⑭反觀當「深層腦部刺激」被使用在一群「難治型」病人身上的時候，卻有近四成病人的症狀有所減輕，還有超過二六％的病人獲得「緩解」。⑮

更讓人嘖嘖稱奇的是植入刺激裝置時的發現。「深層腦部刺激」手術通常都是對清醒的病人進行，換言之，病人一般不用接受全身麻醉。這情形之所以可能，是因為大腦並沒有疼痛受體，所以雖然身體其餘部分的疼痛是由大腦處理，但大腦本身卻無法讓你得知它正受到傷害。所以只要局部麻醉頭皮（頭皮有疼痛受體），一個神經外科醫生就可以對大腦做任何事而不用擔心會引起病人疼痛。

讓病人在「深層腦部刺激」手術期間保持清醒的一個理由是，醫生可以打開植入腦中的電極，看看病人有什麼反應。如果刺激沒有帶來期待中的放鬆，就可以把電極移至別處。當病人的「膝下扣帶皮質」受到電刺激時，他們的心緒改變極其激烈，以致有些研究人員把該腦區稱為「憂鬱開關」。⑯

例如，在一個研究中，有一群憂鬱了至少十二個月，又對至少四種其他療法沒有反應的病人被施以「深層腦部刺激」。在植入刺激裝置的過程中，研究人員刺激病人的「膝下扣帶皮質」和與之相連的神經元群，然後要病人描述他們的感覺。病人經驗到即時的情緒好轉，這樣說：「我想要笑，我覺得心情很好。」「一切都比較輕鬆和容易。」「我的身體看來更有活力了。」⑰僅僅是刺激「膝下扣帶皮質」和周遭區域就足以讓病人從憂鬱狀態轉變為近乎幸福洋溢的狀態。

憂鬱網絡

儘管有這些證據存在，我仍然對於把「膝下扣帶皮質」稱為「憂鬱開關」感到不太自在。理由有好幾個。首先，這個稱呼看來暗示著「膝下扣帶皮質」是唯一在受刺激後能夠引起心緒轉換的腦區。但是刺激大腦的其他部分——例如以對獎賞起作用而知名的「伏隔核」（nucleus accumbens）（第八章對獎賞作用有較詳細的討論）——一樣可以引起幸福感，並顯示出治療憂鬱症的潛力。⑱所以，如果憂鬱症是由「膝下扣帶皮質」的反常活動引起，它十之八九也可以由其他腦區的反常活動引起。這是因為「膝下扣帶皮質」極有可能不是單獨主管難過和憂鬱。相反地，它與大腦的其他部分形成網絡，而憂鬱情緒很有可能是由於這些不同腦區的互動所導致。

這些網絡的整體面貌還不完全清楚，不過目前的理論模型確實把「膝下扣帶皮質」關連於一長串其他的腦區（包括杏仁核、下視丘、額葉、腦幹和伏隔核等等）。

⑲據信這些不同腦區形成的不同網絡的失能會導致憂鬱症的不同面向。

用運動趕走憂鬱

如果你心情低落，又不想服藥，那不妨做一些運動。有些研究顯示，適度運動對治療憂鬱症的效果就像療法或藥物一樣好。⑳當然，這方法的一個困難在於當你憂鬱的時候，大概不會提得起勁去做運動。儘管如此，如果你下決心固定做些運動，則情緒乃至健康都可望改善。運動對於那些不是真正患有慢性憂鬱症而只是有一點點鬱悶的人，也有很好的情緒提振作用。

例如，「膝下扣帶皮質」的反常活動也許會擾亂一個牽涉到杏仁核和下視丘的網絡的行為，導致誇張的壓力反應，讓當事人感到極度焦慮；又或從「膝下扣帶皮質」去到腦幹的「腹側被蓋區」（ventral tegmental area）的神經元也許會減低生命中的動機和興趣。（「腹側被蓋區」和獎賞及動機有關，我們在第八章會再詳談。）

但這些網絡相當複雜。就目前所知，我們大多只能夠猜測相關的結構體是如何一起作用而導致憂鬱這麼複雜的情緒。不過，雖然「膝下扣帶皮質」看來確實在這些網絡中扮演重要角色，但是完全把注意力放在它身上則對其他腦區有失公允。它看來只是腦結構和腦活動的複雜互動的一個部分。

所以，神經科學家繼續致力找出所有和難過及憂鬱有關的大腦部分。不過，即使這些部分被全部辨認出來，還有另一個重要的問題有待我們回答：它們是出現了什麼樣的功能失調才會導致憂鬱的出現？換言之，是發生在神經元層次的什麼事情讓我們感覺難過或憂鬱？

多年以來，這個問題看似已經在某種程度上獲得了回答。早在一九九〇年代，每個人都知道，如果一種特定的神經傳導物濃度太低，勢必會對情緒產生負面影響。然而，更近期的證據顯示，現代神經科學史最流行的其中一個假設還是太過簡化，無法給憂鬱的起源一幅精確的畫面。

血清素假設

如果你對憂鬱成因的神經科學解釋略有所知，也許會納悶本章怎麼一直沒有提血清素（serotonin）。血清素是一種神經傳導物質，被認為和情緒有關，多年來也是對憂鬱起因的最流行解釋的基礎。說得更具體就是，很多人相信低血清素濃度會導致憂鬱。這種主張後來被稱為「血清素假設」。

要瞭解「血清素假設」目前的狀態，最好先知道它是怎樣來的。讓我們回到一開始，也就是二十世紀早期的海景醫院（Seaview Hospital）。海景醫院位於史坦頓島（Staten Island），專門治療肺結核病人。肺結核在二十世紀上半葉的美國是導致最多死亡的病症之一，當時抗生素尚未被發現（抗生素最終會成為治療肺結核的標準藥物）。海景醫院具備療養院的作用，意圖讓病人透過休息、新鮮空氣和健康飲食得到康復。

到了二十世紀中葉，已經有抗生素可以用來治療肺結核，但抗生素要能完全發揮效果，需要和其他抗肺結核藥物結合，而科學家仍然在研究一種可以抗擊肺結核的理想藥物組合。一九五〇年代初期，從事這項研究的研究員發現了一種被認為可以對抗肺結核的新藥。他們需要一群病人來測試這種藥物，於是去了海景醫院。

這種新藥稱為「異菸鹼異丙醯肼」（iproniazid），是提煉自一種名為聯胺（hydrazine）的物質。聯胺有腐蝕性、有毒和會爆炸，在第二次世界大戰期間被德國人用作火箭燃料。戰爭結束後，大批聯胺在德國被找到。沒有人知道要拿它們怎麼用，所以它們就被廉價賣給了一些製藥公司。這些公司開始用聯胺來做實驗，看看能不能用化學方式改造，創造出有用的藥物。最後他們發現，有些聯胺衍生物（例如「異菸鹼異丙醯肼」）具有治療肺結核的潛力。

不過當研究人員把「異菸鹼異丙醯肼」拿到海景醫院測試時，卻發現它有一些不尋常的效果。除了可以治療肺結核的症狀外，這種藥物看來也能夠改善情緒。那些臥床的病人突然到處走動，互相社交。一個病人（同時也是一名作家）後來指出，他們「雖然肺裡面有洞，卻在穿堂裡跳舞。」[21]不到十年，「異菸鹼異丙醯肼」便成了治療憂鬱症的熱門藥物。

連接線索

對於「異菸鹼異丙醯肼」的瞭解，帶來了有關憂鬱症成因第一個廣為接受的假設。「異菸鹼異丙醯肼」能夠抑制「單胺氧化酶」（monoamine oxidase）的產生，而「單胺氧化酶」是一種酶，能夠分解一群稱為「單胺」（monoamine）的化合物（神經傳導物質血清素和去甲基腎上腺素都屬「單胺」之列）。所以，「異菸鹼異丙醯肼」合乎邏輯地被稱為「單胺氧化酶抑制劑」，又因為它可以抑制把血清素和去甲基腎上腺素移除的酶，所以它同樣可以增加血清素和去甲基腎上腺素的濃度。

因為瞭解這個機制，加上看見「異菸鹼異丙醯肼」治療憂鬱症的效果，研究人員便假設憂鬱症是血清素和去甲基腎上腺素之類的神經傳導物質的欠缺所引起。又因此，他們假設提高血清素和去甲基腎上腺素的濃度也許有助於治療憂鬱症。

經過一段日子之後，實驗證據顯示血清素比去甲基腎上腺素對憂鬱症來說更重要。好些新發現的藥物進一步支持了這種論點，因為它們看來全都有提高血清素濃度的作用。

抗憂鬱藥物的發展隨著「氟西汀」（fluoxetine）的問世而到達高峰，其更廣為人知的名字是商標名稱「百憂解」（Prozac）。「氟西汀」是第一種設計來影響大腦的精神科藥物。（在「氟西汀」之前，所有精神科藥物的發現多少要靠運氣：例如「異菸鹼異丙醯肼」的抗憂鬱效果就是在把它作為抗肺結核藥物測試時誤打誤撞發現。）更具體地說，「氟西汀」是專門設計來影響一個稱為「回收」（reuptake）的機制，藉以提高血清素濃度。

神經傳導物質的回收再利用

一旦一個信號從一個神經元傳到另一個神經元，攜帶著信號的神經傳導物質就必須要從「突觸間隙」移除，否則它們就會繼續和「突觸後神經元」的受體互動。這種繼續互動會導致過度刺激和很多不受歡迎後果。

移除多餘神經傳導物質分子最常見的方法就是稱為「回收」的機制。「回收」涉及一種稱為「轉運子」（transporter）的蛋白質，它們通常都是位於「突觸前神經元」的細胞膜。「轉運子」會吸引多餘的神經傳導物質分子，然後把分子傳回原本釋放出它們的

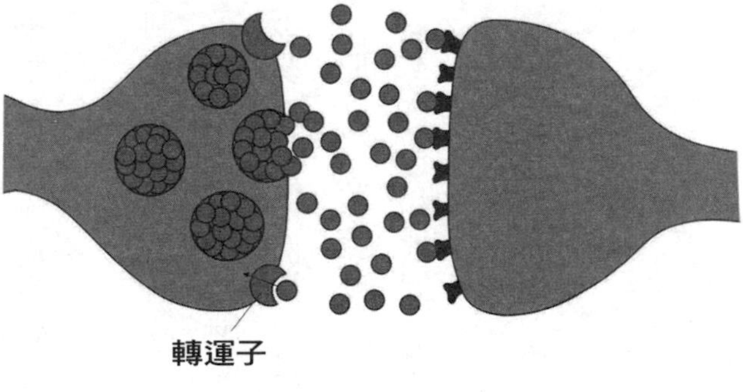

神經元。這個過程減少了在「突觸間隙」中的神經傳導物質分子的數量。

因此，阻礙或抑制「回收」就會導致「突觸間隙」中神經傳導物質濃度的增加。有鑑於此，製藥巨頭禮來藥廠（Eli Lilly and Company）的研究人員努力設計一種可以壓抑「血清素轉運子」的新型抗憂鬱藥物（「血清素轉運子」負責回收血清素）。最後他們製成了「百憂解」——這一類藥物日後將會被稱為「選擇性血清素回收抑制劑」（selective serotonin reuptake inhibitor）。

舞會之花

一九八七年，美國食品藥物管理局批准「百憂解」用作治療憂鬱症的藥物。僅僅三年後，它已經是北美洲被開立最多的精神科藥物。到了一九九四年，它成為世界第二暢銷的藥物（第一名是抗胃灼熱藥物「善胃得」〔Zantac〕）。㉒

其他藥廠趕忙研發自家的「選擇性血清素回收抑制劑」。不多久，市場上就充斥著「喜普妙」（Celexa）、「樂復得」（Zoloft）和「百可舒」（Paxil）之類的藥物。「百憂解」一直處於市場領先地位，但總的來說，「選擇性血清素回收抑制劑」在一九九〇年代和二〇〇〇年代成為精神科藥物的首選。到了二〇〇五年，有超過一成美國人服用抗憂鬱藥物。㉓

「選擇性血清素回收抑制劑」會增加血清素的濃度，而它們看似能夠治療憂鬱症的事實支持了「血清素假設」。事實上，「選擇性血清素回收抑制劑」促進了科學界和社會大眾對血清素的著迷。足夠濃度的血清素開始被認為是快樂的先決條件。而低濃度的血清素被等同於難過和憂鬱。精神病學家克萊默（Peter D. Kramer）在他的著作《傾聽百憂解》（*Listening to Prozac*）中稱血清素為「傳送快樂的神經傳導物質」。㉔這個暱稱後來被廣泛使用，特別是在小報中。

接著，經過一段時間之後，隨著研究者在「血清素假設」中找到瑕疵，「傳送快樂的神經傳導物質」這種說法受到了質疑。最後，科學家發現他們很難說出這個假設有幾分為真。

「血清素假設」中的瑕疵

「選擇性血清素回收抑制劑」可以在攝取後一個小時左右提高血清素的濃度。㉕然而，服用「選擇性血清素回收抑制劑」和大部分其他影響血清素濃度的抗憂鬱藥物的病人，必須連續三、四週每日服用之後才能感覺情緒有所改善。如果憂鬱症真的只是低濃度的血清素引起，為什麼會出現這種時間差？這種時間差意味著「血清素假設」缺少了些什麼。必然有其他機制導致抗憂鬱藥物需要幾星期才能發揮作用。

另外有研究顯示，血清素的欠缺不一定會導致憂鬱症的症狀。㉖還有好些療法的效果都不下於「選擇性血清素回收抑制劑」，但它們完全沒有鎖定血清素系統。

這些考慮讓人對於「血清素假設」是不是足以完全解釋憂鬱症產生懷疑。雪上加霜的是，過去十年來開始出現了一些對「選擇性血清素回收抑制劑」和其他提高血清素濃度的抗憂鬱藥物的效用不利的證據。有些研究發現，它們對很多病人的作用並沒

有比安慰劑好多少。㉗

這一切所意味的是，如果「選擇性血清素回收抑制劑」對治療憂鬱症是有作用的，那麼它們不太可能只單靠操縱血清素的濃度來作用。相反地，它們的效用至少大部分是倚賴於一些迄今未明的神經機制。

這當然不表示血清素在難過、憂鬱和憂鬱治療上毫無作用。不過它倒是表示，事情比「血清素＝快樂」的公式要來得複雜許多。由於有些病人服用了「選擇性血清素回收抑制劑」之後病情並沒有顯著改善，血清素濃度看來只是和某些憂鬱症個案有關。不用說，現在已經沒有幾個科學家會再把血清素稱為「傳送快樂的神經傳導物質」了。

所以，最簡單形式的「血清素假設」（有幾十年時間它都是憂鬱症成因的顯然答案）已經被送到了埋葬其他過時科學假設的墳場去。好些新的假設被提出來，取代了它的位置。有些新假設是奠基於「血清素假設」，試圖彌補它的不足，另外一些則著眼於完全不同的機制。

尋找答案

一個在研究者之中得到若干附和的新假設主張，憂鬱症和過度壓力反應（exaggerated stress response）有關，而過度壓力反應會導致高濃度的壓力激素「皮質醇」（cortisol）。當「皮質醇」的濃度太高，就會損害大腦中對「皮質醇」敏感的區域，例如海馬迴（它在關閉壓力反應一事上扮演關鍵角色）。

所以，根據這種主張，那些受到壓力的病人腦部管理壓力的部分會受損，導致了可以產生憂鬱症症狀的誇大性壓力反應。這個假設為抗憂鬱藥物為什麼會延遲起作用提供了一個潛在解釋。它主張，增加的血清素濃度也許可以促進蛋白質的滋生，有助於大腦產生新的神經元。這讓受到「皮質醇」損害的腦區可以修復，恢復壓力反應的健康功能，導致憂鬱症的症狀減少。

另一個假設主張憂鬱症和腦發炎有關。「發炎」一般是指身體在受到傷害（從組織損害到細菌入侵）之後所產生的免疫系統反應。這時，富含免疫系統細胞的血液會趕到受傷發生之處或疑似出現威脅之處。

不過，在某些情況中，發炎反應有可能會蔓延到一個以上的位置，導致免疫細胞的數量在身體各處都有所增加。這種現像稱為「慢性發炎」或「系統性發炎」，被認為具有傷害性。研究顯示，憂鬱症病人有可能是「系統性發炎」，而一些科學家假設，這對大腦有負面影響，會導致憂鬱症症狀。

如果這是事實，有待回答的重大問題便是：是什麼原因首先引起發炎範圍擴大？有些研究者主張，那也許是通常導致我們免疫系統活化的同一件事情所引起：感染。換言之，那些會讓你生病和出現生理症狀的感染或許也會影響你的大腦，進而導致憂鬱症症狀。與這個假設一致的是，的確有很多和憂鬱症有關的病原體。例如，研究發現，「第一型單純皰疹病毒」的抗體（「第一型單純皰疹病毒」是會引起感冒皰瘡的皰疹病毒）在憂鬱症病人身上找到的機會要大於一般大眾。同樣情形也見於「艾司坦—巴爾病毒」（Epstein-Barr viurs）的抗體、「水痘帶狀皰疹病毒」的抗體和「砂眼披衣菌」的抗體。㉘

以濃縮咖啡治療憂鬱症？

雖然酒精、菸草和很多其他非處方性的改變心靈物質都會增加罹患憂鬱症的風險，但咖啡因卻不在其列。中度的咖啡因攝取事實上還被認為會降低罹患憂鬱症的機率。㉙所以，如果你有喝茶或咖啡的習慣，就不需要為了讓自己感覺更愉快而戒掉（遠離能量飲料和汽水可能較明智。）不過睡眠欠佳和憂鬱症有關，所以應該盡量在睡前至少六小時前喝掉一天的最後一杯咖啡，以免影響睡眠。

為什麼某些病原體比另一些更容易引起腦發炎（也因此更容易引發憂鬱症），目前並不清楚。不過，有可能是因為某些細菌在感染身體之後更容易滲透到腦部。一旦去到腦部，它們就能夠大搞破壞，不只導致或加速發炎反應，還會攻擊腦部各種結構體，導致損害或影響行為。

另一方面，理由也許只是因為有些人特別容易發炎，他們的免疫系統對於形形色色的病原體會過度反應，甚至會對大部分人都不會引起免疫反應的刺激也產生過度反應。在這些情況中，甚至用不著細菌感染來推波助瀾。

壓力反應和發炎在某些個案中和憂鬱症有關，但它們似乎解釋不了所有的憂鬱症。過去五十年來憂鬱症研究的一個較重要領悟就是，憂鬱症就像其他大部分精神失調和疾病那樣，十之八九不能光靠一個假設和一個機制就加以解釋。有很多不同途徑會導致憂鬱症，而企圖用一種方法解釋所有個案，將會導致站不住腳的假設和頂多對人口中的少數有用的療法。記住這一點之後，科學家繼續奮力探尋憂鬱症的所有可能原因。

對憂鬱症的研究有其緊迫性，因為自從一九九九年以來，美國的自殺率增加了超過三成。㉚這讓研究者更加有理由把焦點放在憂鬱，而不是難過。儘管如此，研究其中一者也許就會增加我們對另一者的瞭解。雖然我們不必然會想要把難過的情緒完全拿掉，但有朝一日，神經科學研究或許真的可以減低我們把正常的難過情緒膨脹為不可控制、不可壓抑的絕望感的機率。

第6章

運動

Movement

一九七一年春天，華德曼（Ian Waterman）邁入十九歲，工作也穩定下來。他從十三歲就在肉店工作，也慢慢喜歡上這份工作，越來越得心應手。肉店老闆問他是不是願意當店長。華德曼為了得到這個職位已經努力多年，所以心情無比愉快，對未來充滿希望。不過，他後來卻被一種看似感冒的病症擊倒，而他本來前途看好的人生也戛然而止。①

華德曼努力要克服疾病，卻開始出現一些奇怪的症狀。最不尋常的症狀是失去了肌肉協調能力。他的肌肉不只軟弱或疲勞，還會突然不受控制。如果他想喝一杯茶，他的手會無法把杯子抓穩，讓半杯茶灑到地上。在藥房外面等待配藥時，他會突然失去保持站立的力氣，整個人倒在地上。後來他又在設法爬起床時突然整個身體垮下來。這讓他開始明白，自己染上的絕不是普通感冒。

最後他去了醫院。這時候，他已經開始口齒不清，最初醫生們還以為他喝醉了。但華德曼因為有太多其他事要擔心，沒有空為這件事生氣。因為這時候他已出現了另一個更嚇人的症狀：雙腳雙手都失去了知覺。

當他第二天在醫院醒來的時候，他感覺不到自己的嘴巴、舌頭和脖子以下的任何身體部位。很奇怪的是，他仍然能夠移動肢體。但當他移動肢體時，卻無法控制運動的方向或速度。例如，即使只是想要把手抬高幾英寸，他的手都會猛地向上一揮，然後又跌落到床的邊緣。

華德曼最後明白了是什麼原因導致這種運動的反常。那是因為當他沒有望向自己的身體部分時，就不知道這些部分是在哪裡。我們大部分人在移動肢體時，會接收到肢體傳來的資訊，告訴我們它們正在做什麼和位在哪裡。但華德曼卻沒有接收到這種資訊。

例如閉上眼睛，把手舉上舉下，你總是知道自己的手是舉起還是放下。但是如果換成華德曼，當他閉上眼睛和移動手臂，他會不知道手正在往哪裡移動，甚至不知道這隻手是不是正在移動。沒有來自身體的感官回饋，他躺在醫院病床上的感覺就像正在漂浮。

對於我們身體各部分位在哪裡的意識稱為「本體感覺」（proprioception）。這個詞的本來意義是「從自己那裡接收到」。把觸覺資訊帶到大腦的同一批神經路徑也會攜帶著「本體感覺」的資訊。醫生們最後斷定，華德曼的病是因為那些神經路徑遭到破壞，而這又可能是免疫系統對病毒的反應過度活躍導致。至於為什麼這種事會發生在華德曼而非每年其他幾百萬罹患感冒的人身上，不得而知。

華德曼後來始終沒有恢復脖子以下的觸覺或本體感覺。經歷這種缺損的病人大都無法再次走路。不過透過艱苦努力和堅持，華德曼學會自己透過視覺回饋來指引肌肉，雖然他感覺不到自己的腿在哪裡，卻可以看見它們。所以他倚靠看著自己的腿走路，利用視覺資訊來調整行動。這是艱鉅的，需要極大的專注力，但華德曼的決心讓他恢復了一部分的正常生活。

華德曼的例子正好說明了運動系統的複雜性。運動靠的不只是大腦傳給肌肉的指令，還需要利用肌肉的回饋來做出無數的調整，讓運動可以達到預定目的，同時還要維持平順流暢。運動看似簡單，但卻是由大腦和肌肉的複雜互動構成。

尋找大腦中的運動

布羅卡對大腦可能有語言中樞的發現（見第四章），導致十九世紀的神經科學界熱中於相信大腦的不同部分各司其職，沒有功能重疊之處。但正如前面提過的，今日大部分神經科學家已經拋棄了大腦是由一些功能各自獨立的「中樞」組合而成的想法，因為這種想法對主管複雜腦功能的精密大腦網絡往往視若無睹。另一方面，無可否認的是，某些腦區的確是強烈地起著某種作用——特別是當我們談到某些比較直接的感官過程或運動過程的話（與此構成對比的是語言：語言要更複雜得多。）布羅卡的研究成果激勵了一整代的神經科學家去找出這一類腦區。在這方面，首先取得重大成功的是兩個年輕的德國研究者：弗里切（Gustav Fritsch）和希齊希（Eduard Hitzig）。他們的成果是在布羅卡遇到「坦」之後不到十年即取得。

在談弗里切和希齊希的研究以前，我必須警告各位，他們用活狗來做實驗的細節也許會有一點讓人反胃，特別是他們沒有對所有的狗進行麻醉。以沒有麻醉的方式進行以下談到的外科手術，在今日看起來當然是一種不道德行為。做這種事的人會被工作所在的機構開除，被別的機構列入黑名單。不過在弗里切和希齊希的時代，並不存在必須確保實驗動物不會受到嚴重虐待的行為守則。

坦白說，就對動物的殘忍程度而言，弗里切和希齊希在神經科學史上並不突出。在他們的時代，人們並不太會考慮動物所受的苦。不過即使把今日和十九世紀神經科學研究的價值觀差異考慮進來，閱讀弗里切和希齊希的實驗報告仍然讓人不寒而慄。另一方面，他們的研究又對理解大腦做出了重要貢獻，這也是我在這裡會提到他們的原因。但各位如果讀他們那些讓人毛骨悚然的實驗時覺得難受，大可以跳過，到「運動皮質」一節再看下去。

弗里切和希齊希各自找到一些證據，可證明大腦皮質有一個主管至少某些運動的區域（後來被稱為「運動皮質」）。不過他們也意識到，如果想要說服科學界相信皮質有個部分是運動的專責單位，必須提出非常有力的證據。

之前有一長串研究者嘗試過要找到運動皮質，但皆告失敗。這一點也許會讓很多其他學者缺乏信心，但弗里切和希齊希年輕而有自信，不因其他更有名望科學家的鐵羽而歸卻步。他們把過去的失敗歸咎於犯錯或缺乏堅持，深信自己能夠在別人失敗之處取得成功。

大概也是出於同一種自信，弗里切和希齊希沒有理會那些導致很多科學家轉而相信其他假設的困難。他們的實驗程序包括用電流刺激狗的大腦和移除一小部分的皮質。對大部分研究者來說，這一類實驗需要夠大的實驗空間和一張帶有結實束帶的手術檯。但弗里切和希齊希都未能擁有這樣一間可供他們進行實驗之用的實驗室。為解決這個問題，希齊希建議用他家裡的一個空臥室，奇怪的是，兩人都認為這是一個不錯的替代選項。

弗里切和希齊希的實驗給人一種陰森恐怖的印象。讓這種印象更強烈的是，他們的大部分實驗都是在一個閒置臥室的一張梳妝檯上進行，而不是在窗明几淨的實驗室。首先，弗里切和希齊希把狗的部分頭骨移除（要麼是移除頭骨的整個上半部，要麼是只移除覆蓋著額葉的部分），然後用輕微電流（他們先用舌頭測量電力的強度）去活化大腦不同部分的神經元。別忘了，用電流刺激大腦雖然看起來可怕，但因為大腦沒有疼痛受體，所以擺弄腦組織並不會引起疼痛。當他們刺激一個腦區時，發現狗身體另一邊的爪子會不由自主地動起來。刺激附近另一區時，又會引起臉部和脖子的動靜。弗里切和希齊希深信他們已經取得重大發現，找到了他們所謂的「個別運動中樞」：用來控制身體特定部分的大腦特定區域。

為了驗證結果，他們動手破壞被他們認定是運動中樞的區域，看看這樣會不會對運動構成損害——就像「布羅卡區」受損會導致失語那樣。因此，在兩隻狗身上（這一次都有麻醉），他們以上述方式找到那個會引起狗爪動作的腦區，然後用手術刀的鈍柄挖去該腦區的一部分。

他們的實驗並不精準。他們形容從其中一隻狗移除的腦組織大約是「一片小透鏡的大小」，在另一隻狗則是「略大一點」。②不過，他們在兩隻狗看到同樣的症狀，只有程度的差異：與受損腦區位在不同一邊的爪子功能變差。有時爪子會在狗走路時往外滑，導致狗隻跌倒。當狗坐著的時候，腿會無法支撐身體重量，慢慢滑開，最後讓狗倒在一邊。

所以，雖然兩隻狗在腦區受損之後並未癱瘓，但運動明顯出現問題。這就是弗里切和希齊希致力尋找的證據：他們發現了運動皮質。

運動皮質

弗里切和希齊希斷定了狗的皮質的哪個部分是用來引起運動，但後來的研究者證實人類一樣有運動皮質。不過神經科學家需要再多一些時間才能理解人類運動皮質的組織。這種理解主要是在十九世紀晚期和二十世紀初期透過對癲癇症病人施以電刺激而獲得。

在一八〇〇年代晚期，德國神經外科醫生克勞澤（Feodor Krause）開創了一種治療癲癇症的新外科方法。他的辦法是用溫和電流活化一個清醒病人大腦皮質的不同部分，以找出引起癲癇症狀的區域（這些症狀包括「前兆」〔auras〕：癲癇發作開始前病人常常

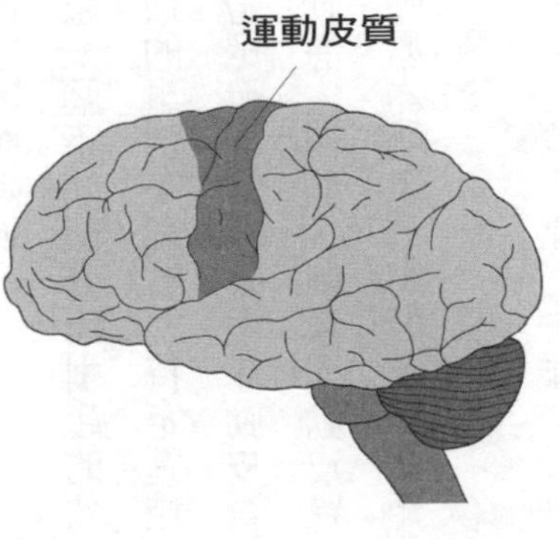

會知覺到氛圍的明顯改變）。一旦鎖定了這樣的區域後，克勞澤就移除那裡的腦組織。因為他移除了助長癲癇症狀的大腦部分，癲癇發作的機率因而降低。

進行這種手術的時候，克勞澤讓一個人在旁邊記錄刺激大腦不同部分所引起的效果。在這個過程中，他確認了弗里切和希齊希在狗身上看過的事情：皮質的特定區域在受到刺激時會引起運動。就像弗里切和希齊希那樣，克勞澤發現當他刺激運動皮質的不同部分，這些刺激會準確無誤地引起身體不同部分的動靜。例如，刺激運動皮質的一區會讓病人的腳不由自主抽動，刺激另一部分則會讓病人的手有動靜，如此類推。

透過這些觀察，克勞澤也斷定了人類運動皮質是按照一張人體地圖來安排，區內每個部分都負責移動身體的一個不同部分。而且在在看來，那些能做出較複雜運動的身體部位會分得較多的運動皮質。例如手在運動皮質佔有相當大的面積，反觀腳趾佔的面積則要小得多。

幾十年後，知名神經外科醫生彭菲爾德（Wilder Penfield）將克勞澤的癲癇症手術加以完善化，在手術前用同一種方法刺激病人的腦部，獲得了有關運動皮質地圖的更多細節。彭菲爾德找來一名畫家，畫出運動皮質的不同部分是怎樣關聯於身體的各個

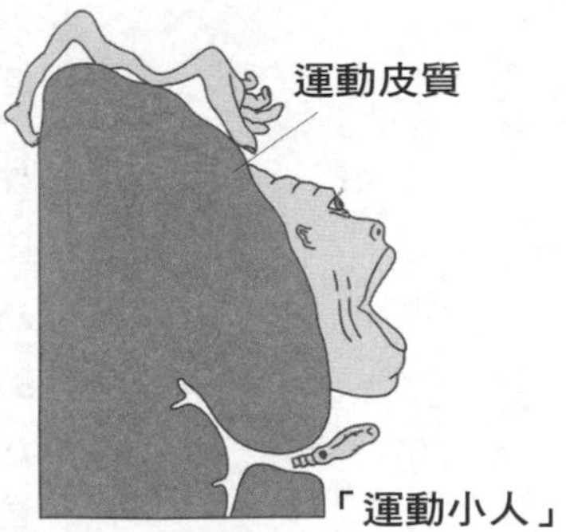

深灰色的區域是運動皮質。身體各部分就畫在被認為控制它們的運動皮質的上方。身體各部分經過扭曲，以顯示主管它們的皮質面積的相對大小（例如分配給雙手的運動皮質要多於分配給雙腳的）。

部分。這圖像後來被稱為「運動小人」（motor *homunculus*）。「運動小人」有著人的樣子，但身體各部分的大小皆按照分配給各部分的皮質面積比例調整，例如「運動小人」的雙手要大於雙腳（見本頁插圖）。

雖然「運動小人」的圖像現在幾乎可以在每一本神經科學導論的教科書中找到，但多年下來我們已經明白了這幅簡單的地圖並沒有涵蓋全部的真相。與其說皮質的每個部分都和一條肌肉或一個身體部分相關，倒不如說皮質地圖所代表的是運動：每一區都必須管轄好些肌肉的收縮，又抑制其他肌肉的收縮。事實上，神經科學家還在繼續爭論運動皮質地圖所代表的意義③——這一點有時是教科書未指出的。

行動中的運動皮質

甚至在運動皮質的地圖還沒完全畫出前，已辨識出很多讓大腦可以控制運動的路徑。其中最大一條路徑開始於運動皮質的細胞，經由神經纖維穿過大腦再到脊髓。因為是從皮質到脊髓，所以被稱為「皮質脊髓路徑」（corticospinal tract）。脊髓的神經元在和「皮質脊髓路徑」溝通之後，會把信號傳送到身體的肌肉，引起收縮。有趣的是，活化身體一邊肌肉的信號通常是來自另一邊的大腦。這是因為大部分「皮質脊髓路徑」的神經纖維在去到腦幹之後會轉入大腦的另一邊。然後，會前往與它們出發處不同邊的身體。這現象有一種臨床應用，稱為「交叉」（decussation）。例如，有個人因為身體左半側頭疼、視力模糊和肌肉無法動彈而被送入急診室，醫生就大有可能猜測他是右腦中風。這是因為「皮質脊髓路徑」中控制身體左邊運動的神經元是始於右腦之故。

微調運動

當你決定伸出右手拿起一杯咖啡，左腦的運動皮質細胞就會透過「皮質脊髓路徑」，向脊髓的神經元發送信號，然後脊髓的神經元又會向右手發送信號。如此，右手的肌肉會收縮，讓你把咖啡拿了起來。

這聽起來十分簡單，但事實上，剛才所述只是一個更複雜的過程的一部分。伸手去拿一杯咖啡時要能剛好拿到而不是從旁邊擦過或撞到桌子，牽涉更多的事情。為了讓你的動作流暢而不是生硬笨拙，需要很多神經活動。在看似簡單和連續的運動中，你的大腦事實上正在不斷地計算和調整，但它把這事情做得很有效率，讓你甚至意識不到它的忙碌。

大腦有很多不同部分涉及這種對動作的微調，但最重要的兩部分是小腦和「基底神經節」（這是一群結構體的集合）。

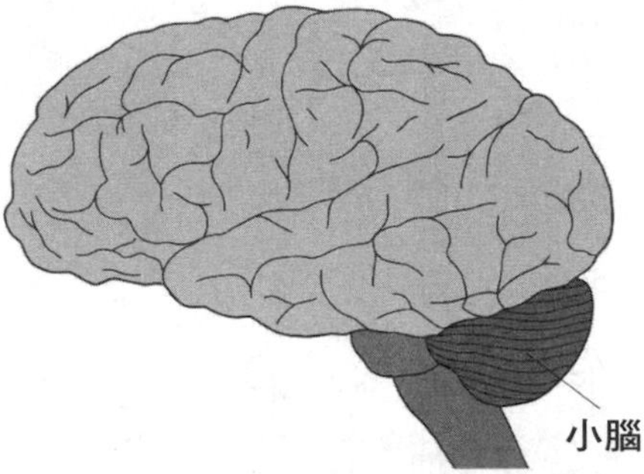

小腦

小腦是大腦最好認的結構體之一。它從大腦皮質的背後和底部突出，樣子有點像大腦本身，只不過體積要小得多。被稱為小腦的原因在此。

雖然小腦比大腦其餘部分小了不少，但卻密布著神經元。事實上，這個腦結構體的體積只佔整個大腦的大約一成，卻包含整個大腦八成的神經元。[4]

可以想像，有著這麼多神經元的一個大腦部分很可能有著許多功能。小腦就是這個樣子，因為它被認為在情緒、語言和不同種類的認知上都發揮了作用。不過長久以來，它最大的功能被認為是在運動方面。

小腦對運動有眾多建樹，其中之一就是前面提過的幫助運動做出即時調整。讓我們回到伸手拿一杯咖啡的例子。當你伸出手臂，小腦就會從你的肌肉和關節的受體接收到資訊，得知你的手臂位在哪裡（這是一種「本體感覺」資訊）。接著小腦會比較你手臂的所在位置和為了拿到咖啡手臂所必須去到的位置。如果小腦斷定手臂有一點點偏離目標（這樣的話你就拿不到咖啡），它就會修改運動皮質的原定計畫，好讓咖啡可以拿到手。

因為小腦始終不斷進行這類的修正調整，所以你的手的運動其實是由很多小型運動所構成。期間會出現無數的微小偏差和隨之而來的修正。情形類似飛機從紐約飛往舊金山。雖然飛行路線看似筆直，但出於風、天氣和天空中的其他飛機等等變數，飛行路線從來不會一模一樣，也永遠不會完全筆直。觀察飛機的飛行，你會發現它是不斷地偏離和返回原定路線。

小腦指揮的運動修正發生在毫秒之間，每次都只包含一個方向上的極微小改變。因此，它不會讓動作有一種斷斷續續的感覺。正好相反，急速的調整反而能讓運動顯得順暢、精準和協調。整個過程看似不費吹灰之力，讓人察覺不出小腦在背後熱烈計算。

這只是小腦其中一個和運動有關的功能。這結構體還有助於維持平衡，以及在運動發生前策劃運動。另外，小腦被認為強烈涉入那些需要記住動作先後次序的學習，例如學騎單車。

只要觀察一個小腦有若干程度受損的人，小腦對運動的重要性即昭然若揭。小腦受損通常都是因為中風，由此可能導致「小腦運動失調」（cerebellar ataxia）。「小腦運動失調」是一種運動出現不正常的現象，病人會動作不協調，手腳出現抽動和顫抖。不過，它的症狀多種多樣（從平衡受損到情緒和認知紊亂不一而足），端視小腦的哪個部分受到影響而定。

小腦也許不是啟動運動的大腦部分，但它在保證我們的身體能夠協調運動一事上，仍然扮演著不可或缺的角色。不過小腦並不是唯一可以修改發自「運動皮質」的行動計畫的結構體。我們的運動能夠順暢和精準，有一群稱為「基底神經節」的結構體同樣功不可沒。

把大腦和電腦連接在一起

精神科學其中一個令人與奮的進展是「腦機介面」（brain-computer interface）科技的發展。「腦機介面」讓人腦可以直接和一部電腦溝通（通常都是透過線路連線）。研究者利用這種科技幫助癱瘓的病人，讓他們可以再次活動。為了做到這個，「腦機介面」會記錄運動皮質的腦活動，方法通常是透過一系列放置在大腦上或大腦內的電極。電極會偵測電活動，用信號把這些活動傳送到一部電腦，接著透過電腦把信號翻譯出來，判斷病人的意圖。當病人想要移動一隻手的時候，信號就可以用來控制一隻機械手的運動。這種科技仍然處於早期階段，但前景可期，也許有朝一日可以幫助因各種不同原因而癱瘓的病人。

基底神經節

在大腦深處，有一群被集體稱為「基底神經節」的腦區，它們在促進運動上扮演

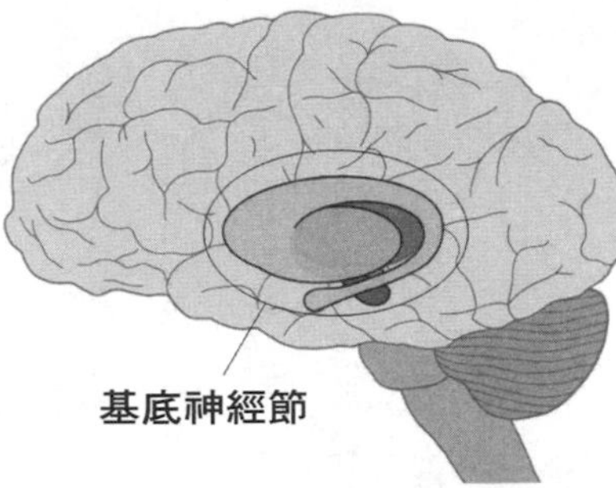

著重要角色（也在很多無關運動的工作上發揮重要作用）。會稱之為「基底」，是因為這些結構體位於大腦的近底部，但如果按照當代精神科學的慣例衡量，稱之為「神經節」便有一點點算是誤稱。「神經節」這個字固然是指一叢神經元，但按照慣例，這個字是專門用來稱呼位於「邊緣神經系統」的神經元（「邊緣神經系統」指在大腦和脊髓之外的神經）。所以構成「基底神經節」的那些「神經節」，技術上來說並不是神經節，其更貼切的稱呼也許應該是「核」（nuclei）。

構成「基底神經節」的有以下這些結構體：尾狀核（caudate）、殼核（putamen）、蒼白球（globus pallidus）、黑質（substantia nigra）和視丘下核（subthalamic nucleus）等等。這些結構體的每一個都有自己的多樣角色，但它們彼此也形成了一個被認為對運動來說具有關鍵性的網絡。

不過「基底神經節」對運動的具體建樹仍然備受爭論。研究者意見一致的是，它大多有著數種和運動相關的功能。例如，「基底神經節」網絡被認為可以幫助我們從各種可能的運動中，選出那最有可能帶來正面結果的一種（例如獲得獎賞）。類似地，「基底神經節」也涉及對獎賞的學習和迴避我們憎惡的事物。「基底神經節」的神經元同樣會在準備進行一個運動時活躍起來，雖然它們的確切功能還不清楚。

不過「基底神經節」最常被認為可以啟動和執行運動。一個流行但有爭議的假設主張，「基底神經節」有若干路徑可以促進想要的運動和抑制構成競爭的運動。讓我們回到伸手拿咖啡的例子，看看這是怎樣做到的。

首先想一想，在你伸手拿咖啡前的那一刻，有什麼正在發生。當時你靜靜坐著。雖然你的大腦那時候看似沒有做什麼，其實它正不斷抑制那些你不想要的運動，換言之，你的大腦是持續不斷地禁止你的手突然舉起或禁止你的頭突然轉到一邊，等等。根據上述的假設，「基底神經節」在這些抑制活動中扮演一個角色。

然而，當你準備好伸手拿咖啡的時候，為了讓動作可以發生，對你手臂所做的抑制就必須解開。這種抑制的減少同樣有可能是發生在「基底神經節」的層次，從而讓伸手拿咖啡的運動成為可能。

最後，當你向咖啡伸出手，「基底神經節」被認為可以壓抑從事相反運動所需的肌肉，讓它們不能收縮。例如，當你張開手要握住咖啡杯的時候，你不希望你的手是握成拳頭。所以，「基底神經節」抑制這一類相反運動，在過程中讓拿咖啡的動作順暢而有效。

重申一次，這只是一種觀點。雖然「基底神經節」被認為和運動有關，但我們對它仍然極欠瞭解。不過它對運動的整體作用在其正常功能被打斷時特別顯著。作為例子，讓我們看看其中一種對運動功能的最嚴重打亂：帕金森氏症。

帕金森氏症

我們在第二章談過阿茲海默症，那是現代世界最常見的神經退化疾病。第二常見的是帕金森氏症，全世界約有一千萬人受其影響。就像阿茲海默症那樣，帕金森氏症主要是一種老年病。但也有例外的情形，著名例子有拳王阿里（Muhammad Ali）和演員米高・福克斯（Michael J. Fox）。他們是帕金森氏症早發的例子，兩人都是在四十五歲之前被診斷出患有此症。

雖然年齡是罹患帕金森氏症的最主要潛在因素，但在大部分情況中，我們並不瞭解患這種病的為什麼是某些人而不是另外一些人。帕金森氏症的成因被認為是遺傳因素和環境因素的結合，但每個個案涉及的因素看來各有不同。我們對帕金森氏症如何產生的瞭解還是處於早期階段。

帕金森氏症會引起好些症狀，其中很多和運動都沒有直接關係（例如便秘、嗅覺反常、情緒紊亂和失智等）。然而，和運動有關的毛病至今仍然是這種病最好認的標記。

以慢動作行動

一九九六年，拳擊界傳奇人物阿里用奧林匹克火炬點燃火壇——這個儀式自一九二〇年代起就是奧運開幕典禮的一部分。在當時，阿里業已和帕金森氏症纏鬥了超過十二年。他是一九八四年被診斷出罹病，但他的症狀出現得更早。

阿里點燃聖火的畫面既感人又讓人難過。十八年之前，他是重量級拳擊世界的冠軍。雖然在他的拳擊事業尾聲時，他已經不像當初那樣，被很多人追捧為歷來最偉大的拳擊手，但年紀變大和動作變慢的阿里仍然身手了得，絕對有資格被認為是世界最好的拳擊手。

阿里在一九八一年退休。當他在僅僅十五年後出現在亞特蘭大奧運舞台時，已看似是以慢動作行動的人。他面無表情，每一個動作彷彿都要花費最大努力和聚精會神。不過最引人注目的是，當他靜止下來時，他的雙手和雙腳抖個不停。讓很多觀眾驚訝的是他把火炬握得還算穩定，因為當他把一隻手拿開之後，那隻手就開始有節奏地晃來晃去。

亞特蘭大奧運舞台上的阿里為我們提供了帕金森氏症一些正字標記的例子，因為這種病最早和最顯著的症狀就是顫抖。顫抖通常開始於手或手臂，隨著病情的加深蔓延到雙腿。過程中顫抖的強度也會增加。有趣的是，顫抖會在病人靜下來的時候惡化，換言之，當病人的手腳在動作時，顫抖會稍微收斂一點。不過隨著時間流逝和病情加劇，即使病人的手腳在動，顫抖也不會絲毫減輕。

帕金森氏症另一個常見的症狀是動作緩慢，這在醫學術語上稱為「運動遲緩」（bradykinesia）。「運動遲緩」讓所有運動看來都要花很大力氣，在病人想要展開一個運動的時候特別是如此。當他們努力想要讓身體動起來時，他們有時反而看似凝結了一般。

帕金森氏症病人的肌肉也會展現很高的肌張力，這讓他們的身體看似僵固。想知道這種情形會怎樣影響你的動作，可在伸手拿東西的時候試著讓手臂肌肉保持收縮。

這些症狀加在一起，會讓最簡單的動作做起來也艱難。另外，即使病人設法保持靜止不動，他們常常還是會飽受顫抖困擾。這一切聽起來已經夠糟了，但帕金森氏症最讓人倒抽一口涼氣的是，當症狀開始出現，就會隨著時間的流逝而越來越嚴重。疾病的惡化速度因人而異，但它總是會惡化，最後導致死亡。

多巴胺的欠缺

在帕金森氏症的影響下，大腦會發生很多變化，但最顯著的變化是「基底神經節」一個區域的神經元大量死亡。這個區域是「黑質」。「黑質」有一對，它們是在中腦找到的一群神經元（第三章提過，中腦是腦幹的一部分）。「黑質」只有在解剖腦幹之後才能看見，肉眼看起來就像一顆黑色的斑點。這種黑色由稱為「神經黑色素」（neuromelanin）的色素導致，它可以在「黑質」的很多神經元中找到。「黑質」之所以被稱為「黑質」，原因亦在此。

「黑質」中絕大多數神經元都包含神經傳導物質多巴胺（dopamine）。事實上，「黑質」是大腦的兩大多巴胺產區之一（另一大產區是「腹側被蓋區」，我們在第八章會回頭談）。「黑質」的很多「多巴胺神經元」都把它們的神經纖維伸到「基底神經節」的其他部分，像是「尾狀核」和「殼核」。據信這種連結對「基底神經節」的

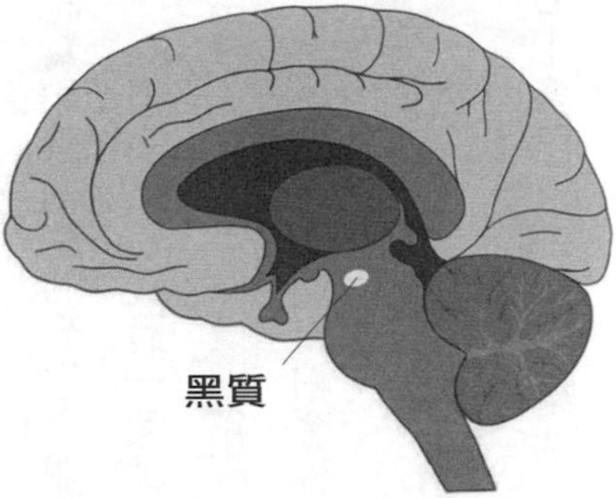

促進運動角色極為關鍵。

不過在帕金森氏症，「黑質」中的「多巴胺神經元」以驚人速度死亡。到了第一批和運動有關的症狀出現時，大腦這個部分的神經元可能已經有五成消失⑤，而到了病人死去時，常常多達七成的「多巴胺神經元」已經不見。⑥

我們不太清楚「多巴胺神經元」的消失是怎樣導致帕金森氏症的各種症狀。一個假設認為，那些死去的神經元有助於解除我們對不想要的身體運動的抑制。沒有了「多巴胺神經元」去解除抑制，要啟動一個運動就會變得困難，需要花大氣力。但這只解釋了帕金森氏症的其中一些症狀（如「運動遲緩」），所以，對於「多巴胺神經元」死亡的後果還需要大量研究。

我們也不知道最初是什麼原因導致「黑質」中的

「多巴胺神經元」死亡。有一些證據顯示，它們的死亡和帕金森氏症大腦的另一個知名特徵有關：一種稱為「路易氏體」（Lewy bodies）的反常蛋白質沉積物的累積。「路易氏體」是由稱為「α—突觸核蛋白」（alpha-synuclein）的蛋白質構成，某些方面類似於在阿茲海默症看見的沉積物。它們在神經元內部形成，抗拒腦酶的分解，被認為和腦細胞的死亡有關。

但「路易氏體」和神經元死亡的關連至今還不太清楚。所以我們雖然可以描述帕金森氏症的主要傷害和與之相關的反常，但對於是由什麼原因特徵所導致卻不甚了了。不過，我們對帕金森氏症的有限瞭解仍然帶來了一些治療症狀（至少是暫時性治療）的可行選項。

L—多巴：一種神藥？

我常常這樣問學生：如果我們遇到一種和多巴胺濃度偏低有關的病症，那麼治療這種病症最合乎邏輯的方法是什麼？聽我這樣一問，總是有學生會用我預期的答案回答：「給他們多一些多巴胺。」

要這樣做並不是不可能。多巴胺是一種現成藥物，主要用於治療嚴重低血壓，特別是新生兒的低血壓。不過，大腦具有一個特徵，會讓很多藥物無法進入。構成腦血管的那些細胞彼此銜接得十分緊密，讓大部分物質都無法透過血管進入大腦。這道屏障稱為「血腦屏障」（blood-brain barrier），但水和氧氣等基本物質是可以通過的，而其他重要物質（例如葡萄糖）在經過一些努力之後也可以通過。「血腦屏障」的主要目的是讓大部分的毒物和細菌不得其門而入。

但它也讓我們難以把藥物送入大腦。那些能夠影響大腦的藥物（例如酒精、古柯鹼和抗憂鬱藥物）全都有著可以跨越「血腦屏障」的特徵。如果不是這樣，我們就不會攝取它們來影響大腦。不過，大腦所用的多巴胺卻是在大腦內部產生，因此不需要越過「血腦屏障」。所以，如果我們給帕金森氏症病人注射多巴胺，它只會在血管裡面循環，永遠到不了大腦。

然而在一九六〇年代早期，研究者發現施用一種稱為「L—多巴」（L-DOPA）的物質，可以大大改善帕金森氏症患者的症狀。「L—多巴」是大腦合成多巴胺的正常路徑本身的產品。當一個健康的大腦製造多巴胺時，它會把胺基酸之一的「酪胺酸」（tyrosine）轉換為「L—多巴」，再把「L—多巴」轉換為多巴胺。

喝咖啡可降低罹患帕金森氏症的機率

想要減低罹患帕金森氏症的機率嗎？如果想，那你需要的也許只是早上的一杯茶或咖啡。在好些研究中，咖啡因（咖啡、茶和甚至一些汽水中的咖啡因）可以降低罹患帕金森氏症的風險。這種好處在每天飲用含咖啡因飲料的人中間尤其明顯。⑦原因並不清楚，不過有一個假設認為，咖啡因對腺苷受體的作用可以保護「黑質」中的「多巴胺神經元」，使其不受傷害。大概更讓人意外的是，吸菸一樣顯示出有減低罹患帕金森氏症機率的效果。⑧不過由於吸菸帶有很多健康危害，不會有醫生建議你培養吸菸的習慣。

和多巴胺不同，「L—多巴」能夠越過「血腦屏障」。所以當帕金森氏症病人攝取「L—多巴」後，它會進入腦部。不過我們不確定它在接下來會起什麼作用。神經科學的課程中一般都會告訴學生，大腦會利用「L—多巴」製造更多的多巴胺，補充被帕金森氏症削減的多巴胺存量。雖然這看來是「L—多巴」機制的一部分，但它在大腦中的實際運作方式據信要較為複雜。例如，它也許是以作為神經傳導物質的方式行動⑨，又也許是被轉化為可以影響多巴胺活動的其他積極化合物。⑩

無論如何，當一個帕金森氏症病人開始攝取「L—多巴」，效果有時可以很神奇。在有些個案，那些以慢動作行動的病人、抖個不停的病人和身體僵固的病人在攝取「L—多巴」的三十分鐘至一小時之內，就會徹底改頭換面，乃至於如果他們走在街上，別人也看不出他們患了失能疾病。

雖然起初的效果可以很驚人，但可惜的是「L—多巴」並非帕金森氏症難題的解方。這藥物的第一個缺點是它在持續使用的過程中會越來越沒有效。部分理由在於「L—多巴」雖然能夠治療帕金森氏症症狀，卻不能阻止導致這些症狀的神經退化。所以，即使患者每日攝取「L—多巴」，神經元還是會繼續死亡，導致症狀越來越惡化。這表示需要攝取越來越高劑量的藥物才能見效。

「L—多巴」的另一個問題在於，隨著攝取劑量增加，病人有時會出現與運動有關的明顯副作用。在某些方面，這些副作用是帕金森氏症症狀的鏡像，包括過多不由自主的運動，例如長時間和反覆的肌肉收縮，以及手、腳和身體其他部分的徐動等等。上述這些副作用被統稱為「多巴胺引發的異動症」（dopamine-induced dyskinesias）。

起初研究人員認為「多巴胺引發的異動症」必然是因為「L—多巴」把工作做得太好、產生了太多的多巴胺所導致，因為它的效果在某些方面恰恰是帕金森氏症症狀的反面。不過較近期的研究顯示情況並非如此簡單。例如有些研究發現，即使在多巴胺濃度不是特別高的情況下，一樣有可能出現「異動症」。⑪

不管原因何在，副作用加上效果最終必然降低（效果可以維持多久因人而異）都讓「L—多巴」的治療價值受到限制。雖然有一些藥物和手術（例如在第五章討論過的「深層腦部刺激」）可供使用，遺憾的是沒有辦法可以停止致病機制的無情運轉：「多巴胺神經元」總是會繼續死亡。所以，就像阿茲海默症那樣，我們是有一些辦法可以對付症狀，但對於疾病的直接成因卻無能為力。

不過與阿茲海默症不同的是，至少就短期而言，我們擁有管理帕金森氏症症狀高度有效的方法。另外，近幾十年來臨床研究的進步也帶來了一些新的療法。所以，我們雖然不瞭解這種疾病的一些基本機制，但過去六十年來的努力讓我們能夠大大改善深受這種疾病所苦的人的生活。

第7章

視力

Vision

從小學升上中學也許會讓很多小孩覺得怕怕，但對史蒂夫來說，這件事更完全是個夢魘。人際互動讓他備感困難。當老師在教室之外跟他打招呼時，他看來困惑而不自在。當他在穿堂碰到一些他認識的同學時，他低下頭，樣子就像他從來沒有見過他們。

同學們漸漸覺得他脾氣古怪。他們避開他。史蒂夫開始感覺孤單和落寞。他有了自殺的念頭，最後進了一家精神療養機構。①

史蒂夫的個案看似只是小孩無法適應中學生活的另一個個案，但他的問題不是因為靦腆和自尊偏低引起。他並不是因為太害羞才會不敢在穿堂跟同學或老師打招呼。真正的問題在於他不認得他們。這是因為史蒂夫患了一種神經系統疾病，讓他失去了辨別人臉的能力。他分辨不出兩個親人誰是誰，更是沒有辦法區分學校裡兩個小孩誰是誰。

念小學的時候，史蒂夫有辦法應付過去。當時他只需要和一個老師互動，而他透過記住她的聲音和舉止來辨別這個老師（也有可能是因為他知道她是班上唯一的女性）。他的小學同學都在一起上課多年，而他也能夠利用辨別老師的方法來辨別他們（即透過其他特徵而不是透過五官）。

但上中學之後，他突然必須學會辨認六個不同的老師，同學的人數也暴增為一百七十人。當他在穿堂碰到他認識的同學時，他並不認得他們的臉，所以沒有打招呼，也因此被貼上怪胎的標籤。

史蒂夫所患的疾病稱為臉盲症（prosopagnosia）。有這種病的人看得見別人的臉，稍微用腦的話也會知道自己是看著別人的臉。他們也可以說出一個鼻子或一隻眼睛的特徵。不過臉上的這些特徵完全無法讓他們把不同的臉區分開來。每張臉在他們看來都一模一樣，就像每個手肘在我們大部分人看來也是一模一樣。

正如史蒂夫那樣，臉盲症病人常常發展出辨認人的替代方式。例如，他們可以學會記住別人的聲音、步態或髮型。但即使是生而有臉盲症的人（這種病也可以因為腦傷而獲得），要發展出這些策略也需要一段長時間。當一個人到達史蒂夫的年紀時，對這些方法的使用也許還未能純熟自如。不管怎樣，當一個人被放入一個有很多張新臉的全新環境時，都有可能會面臨極大壓力。

有多少臉盲症的人口並不清楚。雖然早在十九世紀就有類似病例的報告，但臉盲症這個術語卻要等到二十世紀中葉才出現，而科學界在一九七〇年代以前對這種病也沒有認真的研究。而且就像新疾病範疇常見的那樣，要怎樣為臉盲症斷症的問題仍然有爭論。有些研究認為，每五十個人之中也許就有一個罹患此症②，但其他研究顯示這是高估了。③

雖然我們對臉盲症的理解仍然很少，但這種疾病卻有助於我們理解視力。臉盲症之類的病症讓我們明白視力處理過程包含很多細節，它們必須合在一起才能形成我們每日經驗到的視知覺。即使只是從機器中拿走一個齒輪，不僅會影響視覺，甚至可能完全打亂當事人的人生。

有眼可見

任何有關視覺是如何形成的討論，按道理都會從眼睛談起，又特別是聚焦在眼睛背後那個稱為視網膜的神經結構，因為那是視知覺實際發生的地方。這一點稍後會再多談，讓我們先談一談眼睛外面的部分。它們全都有著同一個目的：把光線攝到視網膜。

當光線進入你的眼睛，首先會穿過稱為瞳孔的開口。瞳孔的大小（也因此是進入瞳孔的光線量）是受到虹膜（環繞瞳孔的結構體）的肌肉收縮和肌肉放鬆所控制。虹膜是眼睛有色素的部分，也因此可決定我們眼睛的顏色。

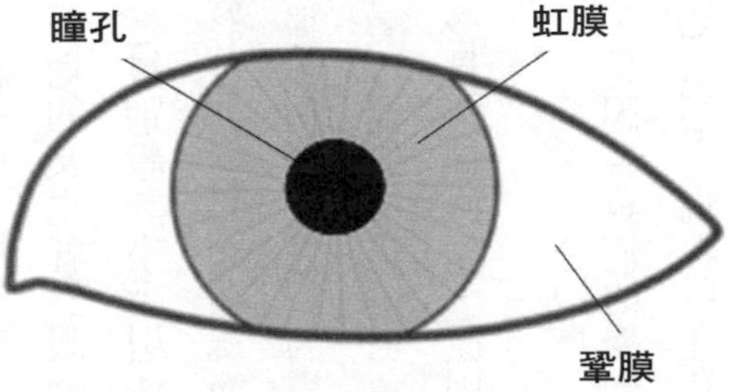

瞳孔和虹膜是人眼的兩大特徵，也是我們可以稱之為「人類對眼睛的癡迷」（human obsession with the eye）的焦點。事實上，從古代起，世界各地的文化就對眼睛深感興趣。這也許有一個解剖學上的理由，因為我們的眼睛似乎是特別設計來吸引注意的。首先，眼睛和我們的身體相比顯得相當大（這是對比於其他動物的情況而言），這讓它們更能引起興趣。另外，在很多其他動物（包括黑猩猩和猴子之類的靈長類），環繞虹膜的眼白部分——稱為「鞏膜」（sclera）——是看不見的。這個白色的背景把我們的虹膜襯托得更加鮮明和突出，而人眼看起來是那麼具有魅惑力，原因也許在此。

有些研究者猜測，人類會演化出較大的眼睛和對眼睛的興趣，是因為我們的學習能力以及與人合作的能力，有賴我們望向別人所望向的地方。④知道別人視線所在有助於我們注視同一事物——在語言發展出來以前，這種線索特別重要。

不過就生理學來說，有色虹膜的主要功能是控制瞳孔的大小，意即控制讓多少光線穿過瞳孔。然後，位於瞳孔正後方的水晶體會把光線聚焦到眼睛背後。水晶體的聚焦可以確保有大比例的光線落在視網膜上面。視網膜是讓我們擁有最清晰視力的眼睛部分。

一層神奇的細胞

現在讓我們看一看你的大腦要做些什麼才能讓你看得見。首先，它必須能夠處理大量資訊（一個研究顯示，視網膜每秒鐘傳送一千萬個位元到大腦，相當於乙太網路〔ethernet〕連接的速度）。⑤不過，為了能夠讓大腦對資訊做些什麼，必須把光子（光線的基本粒子）轉化為大腦能明白的信號，例如行動電位和神經傳導物質。然後這些電信號和化學信號必須活化不同的腦區，創造視覺畫面。這一切發生得極快，讓我們的視知覺看似無縫銜接。

建構視覺畫面的過程相當複雜，需要動員大腦很

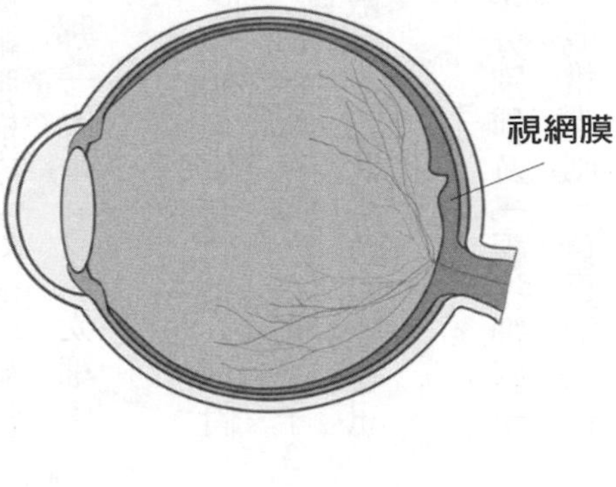

多不同的部分（本章稍後會再詳談這一點）。至於把光子轉化為大腦能夠明白的信號的過程就發生在視網膜。視網膜位於眼睛最後面，由薄薄一層細胞構成（厚度約相當於刮鬍刀刀片）。這個過程的關鍵步驟發生在視網膜那一群稱為感光細胞（photoreceptor cells）的神經元。

感光細胞在神經元之中有一個獨一無二的特徵，那就是它們能夠偵測到光。它們包含著一種可以吸收光的分子，稱為「視黃醛」（retinal），而「視黃醛」在和光子碰撞時會改變形狀。形狀的改變促使細胞的生物化學作用被啟動。如此導致視覺資訊的信息從一個感光細胞傳到另一個感光細胞，最後傳到大腦。

我肯定各位在中學生物課一定學過，感光細胞分為兩類，分別稱為「視桿細胞」（rod cell）和「視錐細胞」（cone cell）。各位也許還記得，「視錐細胞」負責彩色視覺，「視桿細胞」用來觀看黑白兩色。「視桿細胞」只會在暗淡光線之中才有用（當照明到達月光的程度就無法發揮作用）。增強光線並不會讓「視桿細胞」送出更多資訊，因為它們不會對更高的亮度有反應。

反觀「視錐細胞」卻能夠適應更大的亮度，繼續傳送它們所吸收到的光子的資訊。所以在白天的時候，我們只會使用「視錐細胞」來傳送信息。另外，「視錐細胞」裡的「視黃醛」連接於不同的色素分子（稱為「視蛋白」〔opsins〕）。這些色素分子可以促進對不同波長的光線的吸收，而不同波長的光線是彩色視覺的基礎。（「視桿細胞」的「視黃醛」也和一種「視蛋白」連接，但僅止一種，所以不能傳送有關顏色差異的信號。）

我們有三種不同類型的「視錐細胞」，每種都對於特定波長（短波、中波、長波）的光線最為敏感：這三種波長大略對應於藍色光、綠色光和紅色光。不同類型「視錐細胞」的活動會被視覺系統的其他部分翻譯出來，幫助我們區分顏色。

色盲：迷思與事實

「視錐細胞」既有著知覺顏色的功能，也是一種知名視覺缺陷的成因。色盲在男性較為常見（約有八%的男性多少患有色盲），在女性較不常見（只有約〇．五%女性患有色盲）。⑥這種性別差異的理由在於，色盲最常見的類型是由對紅光或綠光敏感的「視錐細胞」反常所導致，而這兩種細胞的基因存在於X染色體。

回憶一下在中學生物課堂上的所學，各位也許還記得，男性只有一條X染色體，而女性有兩條。因為有兩條一模一樣的X染色體，所以當女性的一條X染色體出現基因突變，有缺陷的基因就可以靠另一條染色體中的同類基因彌補。但如果男性出現這一類基因突變，十有八九會形成缺陷（在目前的個案是形成某種程度的色盲）。

不過，完全色盲的例子非常罕有。事實上，最常見的形式與其稱為「色盲」，不如稱為「色弱」（color deficiency）。大部分種類的色盲是在知覺某些顏色時出現反常，而最常見的色盲——稱為「紅綠色盲」（red-green color blindness）——是出於對綠色光線敏感的「視錐細胞」反常，無法分辨綠色。這時，黃色和綠色會變得偏紅色，但對一個人的生活通常不會構成太大障礙。

在其他動物，完全色盲的情形也不常見。不過有好些物種（例如浣熊、夜猴和某些海洋哺乳類）都只有一種類型的「視錐細胞」，所以只有最起碼的彩色視覺。各位也許會好奇，狗的視覺又是怎樣呢？事實上，狗不像一般認為的只看得見黑、白兩色，而是跟大部分哺乳類動物一樣，擁有兩種類型的「視錐細胞」（人有三種），研究顯示，牠們的色覺類似於有著「紅綠色盲」的人。⑦

胡蘿蔔可以讓你視力更佳嗎？

各位也許聽過吃胡蘿蔔有益眼睛之說，而且大概是從強迫各位吃更多蔬菜的父母那裡聽來的。胡蘿蔔富含β胡蘿蔔素，這種物質可讓身體用來製造維生素Ａ，而維生素Ａ對於健康視力而言異常重要。雖然欠缺維生素Ａ有可能會導致眼盲，但如果你不是本來就欠缺維生素Ａ，那麼吃胡蘿蔔對你的視力不會有任何幫助。另外，又如果你真的欠缺維生素Ａ，攝取維生素Ａ補充劑將會比吃大量胡蘿蔔更容易且更有效改善你的視力。所以吃胡蘿蔔對眼睛有益之說雖然不無事實成分，但它主要是個迷思。胡蘿蔔也許對你有益，但多吃它們十之八九不能讓你甩掉眼鏡。

視網膜的多樣地貌

在正常的光線層次（例如日光的層次），「視錐細胞」不只讓我們可以分辨顏色，還可以給予我們良好的視覺清晰度。事實上，當我們想要把東西看清楚時，會本能地轉動眼睛，讓物體的光線落在視網膜上一個叫「中央凹」（fovea）的地方，那裡是「視錐細胞」最密集之處。

「中央凹」位於視網膜的中央區域，密密麻麻滿布著「視錐細胞」。事實上，「中央凹」的中央部分完全沒有「視桿細胞」，因此在正常的光線下，我們看正前方的東西，要比看在我們側邊的東西更清楚。

不過，視網膜也有一個既沒有「視桿細胞」也沒有「視錐細胞」的部分。當感光細胞形成一個必須傳送到大腦的視覺資訊信號時，它們會把信號沿著所謂的「視網膜神經節細胞」（retinal ganglion cells）傳遞。「視網膜神經節細胞」把信號傳出眼睛，

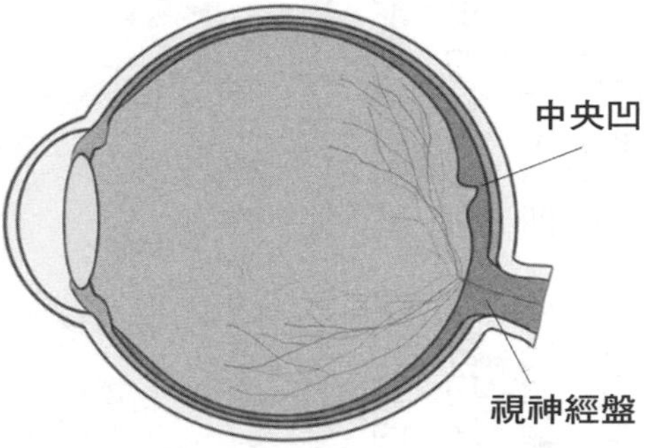

帶到大腦。而它們全都會以一大束神經纖維的方式在一個稱為「視神經盤」（optic disc）的位置離開眼睛。但因為「神經節細胞」是在「視神經盤」離開眼睛，這表示我們的視網膜必然有個讓它們出去的開口。以至於在這個位置，沒有地方可以放感光細胞。所以「視神經盤」既沒有「視桿細胞」，也沒有「視錐細胞」。

「視神經盤」的存在讓我們的視域有了一個盲點。這表示，兩隻眼睛都各有一個小區域（直徑約一．五毫米）不會得到任何視覺資訊。你之所以察覺不到這一點，是因為你的大腦特別擅長用來自另一隻眼睛的資訊填補空白，換言之，雖然左眼的盲點會讓你失去一些進入左眼的視覺資訊，但右眼卻獲得那資訊，而大腦用它來填補畫面，讓你無從意識到闕如。

覺得難以置信？那麼試做以下的盲點小測試。蓋

☺　　　　　　　9 8 7 6 5 4 3 2 1

住或者閉起你的右眼，望向下頁圖片最左邊的數字9。你應該會看見「笑臉符號」出現在你的視角邊緣。現在讓你的左眼慢慢向右掃視，望向數值一個比一個小的數字。遲早「笑臉符號」都會從你的眼簾消失（什麼時候消失視乎你的眼睛離書本多遠而定）。

「笑臉符號」之所以消失，是因為它的視覺資訊直接落在了你左眼的盲點上。如果你兩隻眼睛張開，永遠都不會看不見它。這就是發生在正常視知覺的事情：大腦利用來自另一隻眼睛的資訊讓視域看似完好無缺。

「神經節細胞」離開眼睛之後，它們會形成「視神經」（optic nerve），把視覺資訊運載到你的大腦。每隻眼睛的「視神經」會在大腦底下走一段短距離，接著在所謂的「視神經交叉」（optic chiasm）處交會，然後再分為兩股，各自攜帶來自眼睛的資訊前往大腦。這種「交叉」的結果是讓右視域的資訊主要交由左腦處理，讓左視域的資訊主要交由右腦處理。

視覺信號的下一站是一個我們前面約略談過的結構體：「視丘」。就像大部分其他腦結構體那樣，「視丘」是一對，一左一右位於大腦中央近於腦幹頂部的地方。也就像大腦很多其他部分那樣，「視丘」是由大量較小的「核」（nuclei）構成（可多達五十個），每個「核」都有潛在的不同功能。所以用一個名稱來涵蓋「視丘」其實有一點點誤導。

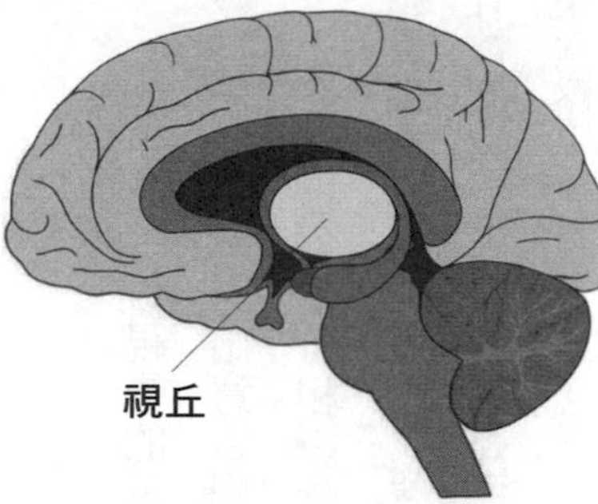

「視丘」常常被形容為「看門人」或「轉運站」，因為它是大部分前往皮質的神經元的中途停留站。事實上，大部分前往皮質的感官資訊（嗅覺資訊是個獨特的例外）都會先在「視丘」某個特定的「核」停留一下，才會傳送到相關的皮質部分處理。

另一方面，認為「視丘」只具有轉運的功能又是一種過度簡化的說法，因為它的作用遠多於傳遞資訊。它會分析和修改到達它的「核」的資訊，被認為在很多不同功能（從記憶到情緒到感官知覺）中扮演著關鍵角色。

皮質中的視覺

「視丘」對視覺的重要性在十九世紀中葉便已得到確立。不過到了這個時候，神經科學家已經開始意識到，大腦皮質對視覺一樣起著關鍵作用。

最早提到皮質和視覺可能有關的人，是十七世紀晚期至十八世紀早期的知名生理學家布爾哈夫（Herman Boerhaave）。他在著作中談及，有個乞丐出於不明理由，頭蓋骨被掀掉。因為知道這頭蓋骨可以吸引到大眾和讓他們心生憐憫，乞丐於是用頭蓋骨來向路人乞討施捨。

據布爾哈夫所述，乞丐會容許給他銅板的人摸摸他的大腦。讓人驚訝的是，真的有很多人這樣做。布爾哈夫詳細描述了乞丐的外露皮質受到手指按壓時的反應。首先，他的眼前會出現滿天星斗，就像一個人起床太快或者撞到頭的時候會有的那種反應。如果按壓皮質的人多用一點力，那乞丐會從看見滿天星斗變為眼盲。按壓得更用

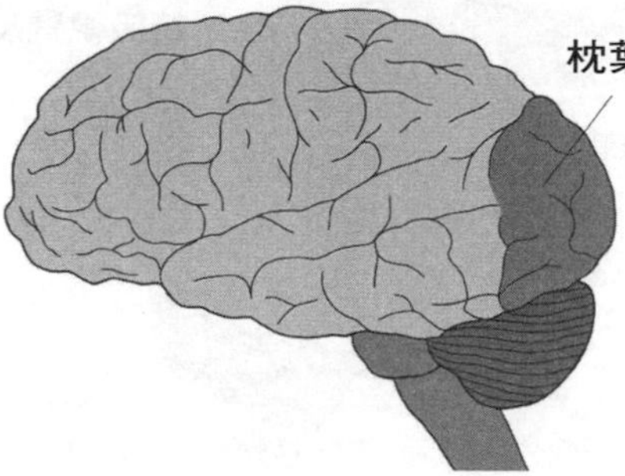

力的話（有這種施虐癖的人不在少數），乞丐會昏過去，待按壓解除才能恢復意識。⑧

雖然這個故事在很多方面都讓人感到驚訝和困惑，但讓早期神經科學家感興趣的卻是眼盲一節。如果按壓外露的皮質可能導致眼盲，那可能就表示皮質有一個部分是用於視覺處理。

支持這個假設最有力的一些早期證據來自德國生理學家孟克（Hermann Munk）的研究（應該指出的是，義大利解剖學家帕尼扎〔Bartolomeo Panizza〕比孟克早了幾十年獲得同樣的觀察結果，但他的研究大多被忽略）。在一八七〇年代和一八八〇年代，孟克進行了一系列實驗，蓄意破壞狗的枕葉的一部分。他發現，當枕葉有一個小區域受到破壞時，狗會奇怪地失去辨認能力。雖然牠們仍然看得見東西，但當牠們看見熟悉的人事物時卻無法喚起回憶。例如，牠們在主

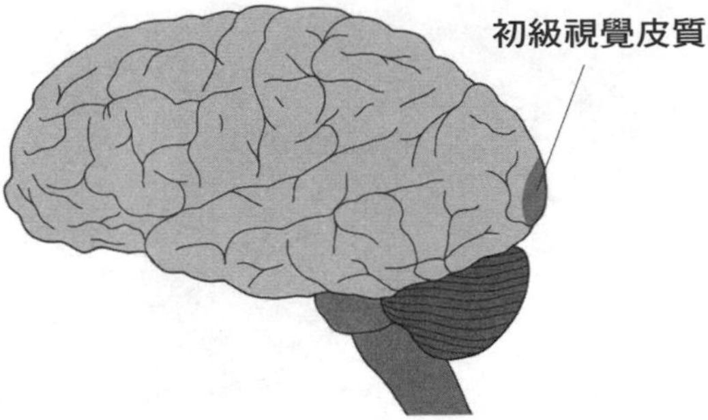

人走過房間時會無動於衷，又或者哪怕肚子餓了，牠們對擺在面前的食物照樣毫無反應。

因為狗能夠看見東西但又對環境內某些事物的重要性視若無睹，所以孟克稱這種病症為「精神性盲」（psychic blindness）。枕葉受損後會出現「精神性盲」這一點，顯示這個腦區對於某些種類的視覺辨認有著重要作用。不過，當孟克把較大一片枕葉摘除之後，發生的事情讓他可以把枕葉和視覺牢牢關連在一起：被摘掉枕葉的狗會完全失明。⑨

所以孟克的研究強烈顯示，枕葉有一些區域對正常視力來說不可或缺。後來的研究者確認了他的這個發現，而今日廣為承認的是，當「視丘」從眼睛接收到視覺資訊之後，會將大部分資訊轉移到枕葉的一個地點：「初級視覺皮質」（primary visual cortex）。

每個知覺系統都有一個被形容為「初級」的區

域。這稱呼只是表示此一區域是最初處理大部分輸入的感官資訊的地方。「初級視覺皮質」遍布細胞，負責處理視覺的不同方面（例如空間、顏色、運動和深度）。「初級視覺皮質」因此是視力的一個關鍵部分。就像孟克的狗那樣，這個部分受損的人會失明。

不過，這並不表示「初級視覺皮質」是唯一和視覺有關的部分。環繞「初級視覺皮質」有很多視覺區，大腦皮質也遍布視覺區，各自在處理視覺資訊上扮演略微不同的角色。這些其他區域受到「初級視覺皮質」徵用，幫助把大腦收到的視覺資訊轉換為一貫的畫面。

視知覺驚人的精細分工

大腦不同的視覺區域有時負責的是高度專精的任務。為了說明這一點，讓我們以科學文獻中被稱為ＬＭ的病人為例子。一九七八年，四十三歲的ＬＭ因為嚴重頭疼、暈眩、噁心和嘔吐而入院。經檢查後發現她的大腦中有一個血栓導致血液積聚，破壞了腦組織。

雖然腦部受損，ＬＭ的認知能力大多正常。她能讀能寫，能夠計算，記憶力看來大致完好無缺，只是在要記起事物的名稱時稍有困難（這是第四章談過的「無名失語症」）。不過，ＬＭ的視知覺卻發生了讓人心驚的激烈變化：她看不見**運動**。⑩

這有一點點難以想像。當她給自己倒一杯茶的時候，從壺嘴流出的茶水在她眼中是凝固不動的。她也不知道何時要停止倒茶，因為她看不見杯中的液面升高。當她身處一個有很多人的房間時，其他的人在她看來是不用走路就突然轉換位置。當別人對

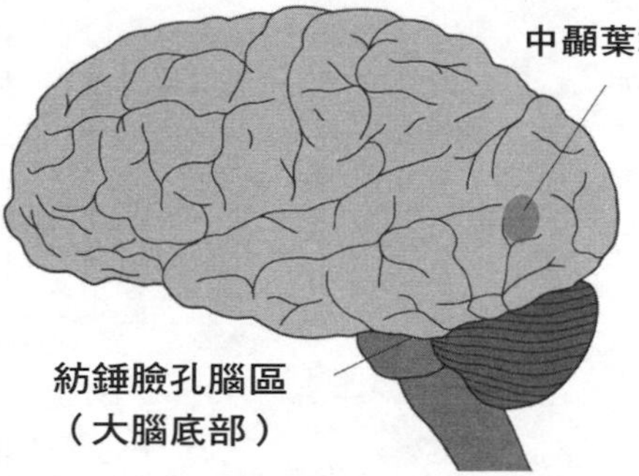

她說話時，他們的嘴巴看來是突然打開和突然關上，而不是自然的開闔。因此，溝通對ＬＭ變成了備感心煩和困難的事情。

ＬＭ是稱為「運動失認症」（akinetopsia）這種罕見疾病的最知名病例。在ＬＭ之後，又有好些「運動失認症」的個案被確認，而研究者發現，這種疾病也許是「中顳葉視覺區」（middle temporal visual area）受損所導致。⑪這意味著「中顳葉視覺區」有些腦組織是用於處理和運動有關的視覺資訊。

另一個被認為負責視覺一種高度專精任務的是顳葉的「紡錘臉孔腦區」（fusiform face area），研究人員認為它對於辨認臉部非常重要。一般認為這一區受損會導致上一章談過的面孔知覺能力的欠缺（臉盲症）。目前還不清楚「紡錘臉孔腦區」是只跟知覺面孔有關，還是跟知覺任何我們極熟悉的事物有關（有一個觀鳥人在「紡錘臉孔腦區」受損之後突然不認得鳥）⑫，不過有另一些證據顯示，我們的視覺畫面是由不同的皮質區共同創造。只有這些區域全都有所輸入，我們才會對周遭的世界有一幅可瞭解的圖像。

視覺是一種不完美的重構

我們的視覺畫面是由視覺皮質和不同的腦區共同創造，不過，這種創造並不是對我們環境的一種完美複製。相反地，那是一種抄了很多近路的拼湊式重建。

對於視覺，大腦的目標是以儘可能快的方式表象你周遭的世界，而不需要使用不必要的腦力。但收集資訊的快捷方法有時會要求你犧牲精確程度，也許還會在你大腦所得到的視覺資訊上留下空白。例如，即使你的眼睛看來是在你的視域上順暢移動，但它們事實上是在來回快速運動——速度大約是每秒四次。這些運動稱為「躍視」（saccades），可以幫助你快速收集資訊，讓你從一個焦點移動到另一個焦點，確保畫面最重要部分的細節會落入「中央凹」。但是「躍視」也會讓你看不見那些你沒有直接望向的環境特徵。不過，大腦會一絲不苟地確保你不會注意到這些省略。它利用可得資訊和最佳猜測來填補空白，讓你的視知覺看起來完整和連續。

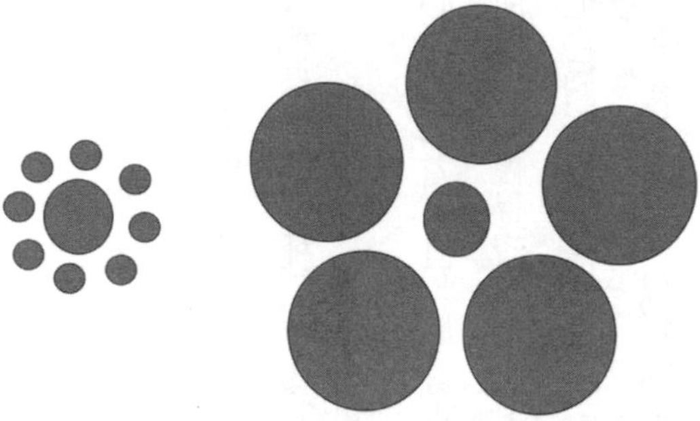

有時你的大腦也會引用過去的經驗來加快它對環境的分析。以上方的圖為例，當你的大腦處理這張圖時，它會採取捷徑。經驗告訴我們，一件被**較大**物體包圍的物體，通常小於一件被**較小**物體包圍的物體。所以大腦就會猜測，左面的中間圓圈要比右面的中間圓圈來得大。但事實上，它們一樣大小（不信的話可以自己量量看）。大腦採用經驗來預測，通常都會預測正確，但剛才所舉的例子顯示這方法並不是萬無一失。

雖然視覺沒有提供對世界完全忠實的表象，但這一點並未使其作為的神奇程度有所減少。人類視覺的複雜性讓人驚異，和大部分動物比起來顯然相當優秀。如果我們以人類為標準，那麼很多動物（從老鼠到小雞到無尾熊等）都要算是法律上眼盲（legally blind。譯註：「法律上眼盲」指視力太差，不符合考取駕照資格的情況）。⑬有鑑於視力對我們是那麼重要，但有人竟然能夠在失去視知覺能力的情況下繼續運作，就更是讓人驚訝。

看電視太靠近螢幕會讓你失明嗎？

小時候父母也許會叫你看電視的時候不要太靠近螢幕，否則眼睛會受傷，甚至可能失明。對我們這些不理會父母警告的人來說，幸運的是，太靠近電視會導致失明之說毫無根據。雖然長時間看電視也許會引起眼睛疲勞，而靠得太近可能會加劇眼睛疲勞，但並無證據顯示，坐得太靠近電視會讓眼睛受損。

失明

雖然我們常常認為失明是與生俱來的疾病，但大部分盲人都是成年後才失明。

世界上最常見的致盲原因是沒有治療的白內障（白內障是因為蛋白質在水晶體累積，導致光線無法到達視網膜所引起，一般要六十歲以上的人才會發生）。在美國，最常引起失明的原因是糖尿病，因為糖尿病會破壞為視網膜供應血液的血管，最終導致視網膜的神經元受損。還有很多導致失明的不同原因，包括青光眼（一種會損害視神經的疾病）到中風不等。

在任何年紀失明都讓人難以應付。不過，如果失明是發生在人生較後期，要應付起來更是難上加難。⑭因為到了那個時候，大腦已經變得對視力特別依賴。當視力消失（特別是如果這種消失是迅速而不是漸進），病人就需要費盡力氣去學習收集周遭世界資訊的其他辦法。當然，年紀較大的人總可以找到辦法應付失明，只不過他們吃的苦頭比那些從一出生就學習應付策略的人要多上幾倍。

這些應付策略幾乎一律是更加依賴其他感官。盲眼的人常常會利用觸覺來收集環境的資訊（或者是透過點字之類的語言系統，抑或是用手來感覺物體的形狀和質地以瞭解物體大概是什麼樣子）。他們有時還會變得很擅長於知覺聲音，讓他們能更有效且更快速地處理聽覺資訊。但別誤會，這並不表示一個人眼盲之後其他感官會突然變得超敏銳，甚至可以聽見窗外一隻蜂鳥拍翅的聲音（二〇〇四年講述盲眼音樂家雷・查爾斯〔Ray Charles〕的電影《雷之心靈傳奇》裡就有這樣的情節）。這種感官增強的情形並不會發生，只是有關失明的一個常見迷思。不過，盲人確實能夠培養出比有視力的人較強的聽覺能力。

例如，一般人的說話速度是每秒鐘大約五個音節，而我們瞭解話語的能力在說話每分鐘快於十個音節時便會急速下降。然而有些研究發現。天生失明的人對快速話語的理解能力要比明眼人強很多，其中有些人甚至可以瞭解每秒鐘二十二個音節的話語。⑮雖然還不到超能力的程度，但這種聽覺能力的提高自然能夠幫助盲人迅速處理聽覺資訊。

一組非常獨特的技巧

不過有些盲人顯示的能力確實幾乎就像超能力，一個例子是安德伍德（Ben Underwood）。安德伍德在兩歲時被診斷出得了「視網膜母細胞瘤」（一種視網膜癌症）。為了不讓癌細胞擴散，他在三歲被迫摘除雙眼。

突然看不見東西讓安德伍德備感痛苦困惑，被迫尋找一些策略來代替他本已學會因應世界的方法。神奇的是，他靠一己之力發明了一種可以做到的替代辦法。

從很早開始，安德伍德的家人就注意到，他在家裡走動時老是發出砸舌聲。這對他哥哥來說是個困擾，因為整天被老是砸舌的弟弟跟在後面並不好玩。他媽媽也不明白兒子為什麼要那樣做。不過到了安德伍德上幼稚園之後，他用砸舌聲來導航這一點便昭然若揭。這時他已經可以單獨走在街上，不需要枴杖或任何幫助。光是這一點就相當令人動容，不過他的能耐不止如此，他還可以告訴你這輛汽車是轎車還是貨車。

這種本領讓人嘖嘖稱奇。

當媽媽問他怎樣做到這些事的時候，安德伍德歸功於他發出的砸舌聲。他把砸舌聲形容為一連串的皮球。當這些皮球碰到什麼，就會向他反彈回來。透過這些反彈回來的球的聲音，他可以說出它們碰到的東西是什麼和何種大小。⑯

這就是所謂的「回聲定位」（echolocation）。蝙蝠夜間捕獵昆蟲時就是用同一個機制幫助導航。蝙蝠會發出超音波呼叫聲，再從四周物體反彈回來的回聲來判斷環境有什麼事物和位置何在。有別於一般所以為，蝙蝠並不是盲的（牠們的視力相當好），但「回聲定位」在極暗的環境還是很有用。蝙蝠就是在非常黑暗的晚上打獵覓食。

理論上人人都可以使用「回聲定位」，但把這方法應用得最出色的主要是盲人。安德伍德已經在二〇〇九年不幸罹癌逝世。他是一個非常罕有的例子，能夠騎單車、打籃球、溜直排輪和做大部分一般小孩做的事，完全不需要任何幫忙。當然，安德伍德位於失去視力者光譜的極端。大部分失明者（甚至包括天生盲眼的人）對另一種感官的掌握都不如安德伍德。而就像有極少數的人展現出應付失明的極端能力，也有一些人顯示自己完全無法應付失明。

否認明明白白的事

九十歲的病人提姆被家人送到急診室，因為他們發現他無法抓取就在眼前的東西。⑰他最近也摔倒很多次，讓家人憂心忡忡。

經過檢查之後，醫生斷定提姆的運動能力完好無損。他條理清晰、反應機敏，聽得懂別人的吩咐。但他的視力看來出了什麼問題。

看診期間，他沒有和醫生發生眼神接觸。但與其說他不願意和別人有眼神接觸，不如說他是不知道別人的眼睛在哪裡。他同一個家人說話卻狀似不知道他們就在面前。但是他仍自稱視力清晰。醫生們大惑不解，找來一位精神科醫生評估提姆的情況。

當精神科醫生把一枝鋼筆舉在提姆面前時，提姆渾然不覺。被要求描述四周的樣子時，提姆照做了，但是他的描述和房間實際上毫無相似之處。他完全是在編故事。

提姆目不能視的事實很快就水落石出，醫生們認為這是中風所導致。儘管如此，醫生們還是花了一星期才說服他相信自己盲了。為什麼有些人會這麼極端，拒絕向自己承認自己看不見？

提姆表現出的是一種極端罕見的病症，稱為「視覺失認症」（visual anosognosia），又稱為「安東—巴賓斯基症候群」（Anton–Babinski syndrome）。anosognosia 一詞的大意是「病感失認」，罹患此症的病人不知道自己有什麼不對勁。「失認症」的成因還不完全清楚，但被認為和某種腦受損有關，可以發生在任何疾病（從阿茲海默症到肌肉癱瘓不等）。當然，「視覺失認症」的病人拒絕承認失明，即使有明確證據，一樣否認到底（這些證據包括不知道有人走進房間、無法閱讀，或走路時撞到牆壁和家具等）。

可以想像，「視覺失認」會讓人非常難以適應失明，因為他們既然不承認自己失明，自然根本不會想去學習應付生活的新策略。幸而這是一種極罕有的病症，自一九六〇年代以來只出現過大約三十個病例。⑱但這少數病例即代表著完全無法適應失明的極端例子。

第8章

快樂

Pleasure

S先生在五十多快六十歲時開始吃一種叫「普拉克索」（Pramipexole）的藥，以治療所謂的「不寧腿症候群」（restless legs syndrome）。①「不寧腿症候群」會讓病人的腿上出現一些古怪和不舒服的感覺，包括刺痛、癢、「觸電」或覺得好像有蟲在腳上爬。這些症狀在病人躺著或坐著的時候最強烈，但會在病人活動的時候消退，所以當症狀出現，病人就會忍不住活動雙腿。設法入睡成了一件累人的事，因為每次好不容易稍微舒服些，那感覺又出現了，讓你忍不住得活動雙腿。這種病常常會導致嚴重失眠，有時還會導致憂鬱症。

雖然「不寧腿症候群」的致病機制尚未被發現，但有理由假定，它是和神經傳導物質多巴胺有關，因為某些增加人體多巴胺濃度的藥物有時能夠紓緩「不寧腿症候群」的症狀。「普拉克索」就是這些藥物之一。

服用「普拉克索」之後，S先生的「不寧腿症候群」確實有所改善。不過，症狀在紓緩了大約三年之後再度出現。醫生為此增加了用藥劑量。就在這個時候發生了奇怪的事情。

本來不常賭博的S先生突然迷上刮刮樂。我們大多數人都體驗過刮一張刮刮樂彩券時的興奮，不過，因為通常都沒中獎（頂多是贏到夠買另一張刮刮樂的錢），所以刮彩券時的興奮並不足以讓我們此後願意花大把時間和金錢繼續玩刮刮樂。

然而，S先生在服用增量的「普拉克索」之後卻不是如此。服用了較高劑量的藥物半年後，他每日花在買刮刮樂的錢高達七百美元。當他贏得了一筆為數不小的獎金後，更是把花在賭博的錢增加為每日一千一百美元。

他表現出各種強迫性賭博的徵兆。他念茲在茲都是刮刮樂，雖然多次決心戒買，但他就是無法做到。對於儲蓄為什麼會縮水，他是用說謊的方式把妻子應付過去。到儲蓄用罄的時候，他在刮刮樂上已花了十二萬美元。因為覺得自己擺脫不了惡習，他企圖自殺。幸而沒有自殺成功，最後被送進精神治療機構。那裡一個醫生正確推測問題可能出在「普拉克索」，馬上讓S先生停止服用這種藥物。不到幾天，他的賭博癮頭就消失了。

一種藥物真有可能那麼激烈地改變人的行為，以致讓他們突然變成強迫性賭徒嗎？讓人驚訝的是，S先生的情況並非僅見。有很多服用增加多巴胺濃度藥物的病人也經歷過同樣驚人的行為變化。最常見的改變是賭博成癮，但也有表現為暴飲暴食、性慾亢進或藥物濫用。

這些由於多巴胺濃度改變所造成的強迫性行為，被稱為「多巴胺失調症候群」

（dopamine dysregulation syndrome）。這種病最常見於帕金森氏症病人，因為他們經常服用增加多巴胺的藥物（見第六章的討論）。但為什麼多巴胺濃度會導致強迫性和不受控制的行為呢？雖然答案還不完全清楚，但事情大半和多巴胺在我們大腦經驗獎勵所扮演的角色有關。

不可磨滅的記憶

我有一個大約二十年前在紐約市吃飯的記憶。那一餐飯沒有什麼特別的。餐廳的裝潢並未特別出色。我的同伴讓人愉快，但也沒什麼特別的（抱歉了艾咪）。但是我當時非常地餓，而我吃到的食物非常美味。事實上，我對那盤食物的細節仍有清晰記憶，從阿爾弗雷德白醬（Alfredo sauce）的味道到義大利麵疙瘩的口感都記得一清二楚。

大腦能記住這麼久遠的事情看似很奇怪，然而大腦有很好的理由會對記住一頓特別美味的飲食感興趣。畢竟，能夠再次得到相同經驗的唯一方法，就是記住當初事情發生的細節並設法複製出來（例如在一間不同的餐廳點同一道菜，或回到同一間餐廳點同一道菜）。這類記憶對我們的遠祖來說可能是一個重要機制，可以幫助他們在史前世界找到讓快樂最大化和讓痛苦最小化的事物。

傳統上，神經科學家相信，這樣的機制存在於負責創造快樂感覺的大腦部分。根據此一觀點，這些腦區在人經歷**任何**有滿足感的經驗時（從食、色、血拚到吸食古柯鹼不等）會被活化，產生快樂。這一類腦區過去常常被集體稱為「快樂中樞」，但現在大多已被改稱為「獎賞中樞」或「獎賞系統」。這種用語上的改變有助於反映出，對正面或獎賞經驗的神經處理過程所涉及的不只是快樂，還是有關學習和發展設法再次獲得同樣經驗的動機。

尋找獎賞系統

一九五三年，剛從哈佛大學拿到心理學博士學位的奧爾茲（James Olds）尋覓可以服務的實驗室，以便精通神經科學一些常見的實驗技術。攻讀博士學位期間，奧爾茲培養出研究動機（motivation）的神經科學的興趣，但他對實驗方法的知識有限，未能自己展開這方面的研究。所以，他接受了麥基爾大學（McGill University）一個短期職位，在知名神經科學家赫布（Donald Hebb）主持的實驗室工作。在那裡，他獲得充分授權，可以做自己感興趣的研究。他還獲得一位實驗技巧非常嫻熟的研究生米爾納（Peter Milner）的幫助。奧爾茲一直對耶魯大學的一個研究結果深感好奇，該研究發現，對老鼠大腦的某些部分進行電擊會讓牠們產生厭惡感，也就是說電擊會讓牠們不喜歡某些事物，千方百計逃避。奧爾茲好奇的是，老鼠大腦是不是也有一個部分是專門感覺電擊是愉快或有獎賞性的？

為了找出答案，奧爾茲和米爾納給一隻老鼠的大腦連上電極，之後再把老鼠放入一個大箱子，箱子四個角落分別標示著Ａ、Ｂ、Ｃ、Ｄ。每當老鼠走到角落Ａ，牠大腦的一個特定部分就會受到刺激。在大腦的某些部分，刺激對老鼠的行為毫無影響。但奧爾茲和米爾納發現，當電極是放在老鼠大腦中央深處一個區域時，施以電擊會讓老鼠反覆回到角落Ａ。

進一步研究該腦區之後，他們發現老鼠迅速學會按下一根槓桿以便受到電擊。而且牠們不只學會這樣做，還變得沉迷其中。即使已經二十四小時沒有吃東西，但只要可能，牠們會寧可按壓槓桿而錯過飽食一頓的機會。事實上，牠們每小時按壓槓桿的次數可高達五千次！②

奧爾茲知道自己有了重大發現。歷來第一次，一個也許可以被稱為「快樂中樞」的大腦部分被辨識了出來。這個發現不只可以幫助我們瞭解獎賞經驗，還可以幫助我們瞭解從快樂到成癮的一系列心靈狀態。

這是一個革命性發現。可惜的是，奧爾茲和米爾納對於他們是把電極放在哪裡交代得不太清楚，後來的研究人員要花很多工夫才找出來。不過到最後，科學家發現，電擊作用最明顯的區域是那些密布包含多巴胺的神經元的區域。

多巴胺和獎賞

其中一個聚集了大量多巴胺神經元的區域稱為「腹側被蓋區」（ventral tegmental area），它位於被稱為「中腦」的腦幹部分的深處。「腹側被蓋區」是腦幹的一個小小部分，只有切開腦幹才看得見（不過即使切開腦幹，仍需要藉助一些額外的實驗技術才能看到）。

由於知道對「腹側被蓋區」進行電擊具有獎賞性，加上知道「腹側被蓋區」是由大量多巴胺構成，研究者開始深入探究多巴胺在獎賞一事上扮演的角色。他們找到大量證據可以證明，它扮演的角色非常

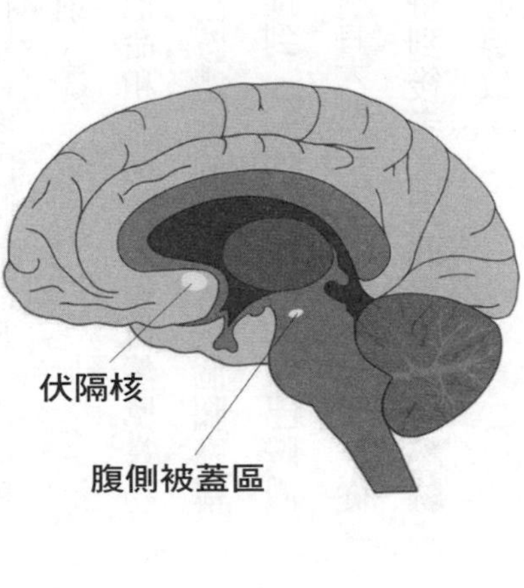

重要。例如老鼠和靈長類之類的實驗動物，一般都不太需要誘因便會主動按壓槓桿以獲得古柯鹼，然而研究人員卻發現，如果他們事先用藥物堵住多巴胺的活動，古柯鹼就會失去部分吸引力。動物不會再按壓槓桿以求獲得注射。③

另外，很多濫用性藥物（例如酒精、尼古丁、安非他命和古柯鹼）和自然獎賞物（例如食物、水和性愛），全都可以引起另一個腦區多巴胺濃度的增加。這個腦區稱為「伏隔核」（nucleus accumbens）④，曾在第五章稍微提到。「伏隔核」的多巴胺濃度增加和獎賞經驗有關這一點和早前的發現一致，因為有大量「多巴胺神經元」從「腹側被蓋區」直接去到「伏隔核」，把多巴胺從前者帶到後者。因此，在獎賞經驗期間，在「伏隔核」看見的多巴胺增加主要是這些神經元導致。

這些發現帶來了「獎賞系統」（reward system）這個現代概念。基本上，它涵蓋從「前腹側被蓋區」通到多種不同結構體的神經元，但這路徑的主要部分是由往返「腹側被蓋區」和「伏隔核」的神經元構成。

雖然這條路徑的發現讓我們對理解大腦中的獎賞和快樂跨了一大步，一個重大問題仍然有待回答：「伏隔核」中多巴胺濃度增加的確切意義何在？換言之，多巴胺在獎賞中扮演何種角色？

傳送快樂的神經傳導物質

由於多巴胺的增加和愉快感覺息息相關，很多研究者便假定多巴胺是大腦中讓我們感到愉快的物質。根據這種觀點，多巴胺就是我們飢餓時吃到一頓飯食會感到滿足的由來，就是癮君子嗑藥時會感到亢奮的由來。知名多巴胺研究者懷斯（Roy Wise）一度說過，多巴胺有助於創造「愉快、幸福或美味」的經驗。⑤

多巴胺會引起愉快感覺的觀點，成為了另一個進入大眾意識的科學假設。多巴胺開始被認為是「傳送快樂的神經傳導物質」或「快樂分子」。它也成了任何有關快樂、成癮和動機的神經科學討論的主要成分。例如，《時代雜誌》在一九九七年有一篇文章稱多巴胺跟「快樂和欣喜」息息相關，可以被「一個擁抱、一個吻、一句讚美的話或一手好牌提高，以及被來自藥物的強力快樂提高。」事實上，這篇文章甚至主張，由於多巴胺具有引起快樂的效果，它亦可以被視為「成癮的主要分子」（master molecule of addiction），而因為成癮可以追溯至一種神經傳導物質，這讓成癮現象「變得比任何人敢於想像的還簡單。」⑥

到了一九九〇年代晚期，有些人認為快樂之謎和與之相關的成癮症狀之謎（成癮基本上是一種對快樂不能自已的追求）已經獲得破解。多巴胺被認為就是元兇，而它是靠著「獎賞系統」把工作做好。它會讓我們對任何可稱為令人喜歡的經驗做出愉快回應。當藥物用人工方式提高多巴胺的濃度時，它們讓我們太過依賴於愉快感覺，導致我們出現設法不讓快樂消退的強迫性行為。

不過，這種解釋存在一個問題。它等於把「快樂」和「成癮」這麼複雜的現象化約為一個簡單的機制，其中只涉及一種神經傳導物質的作用。而正如我們在前面提到的，神經科學和簡化通常不會走在一塊兒。

對多巴胺的新觀點

就在多巴胺作為快樂傳送者的名聲如日中天之際，科學研究開始顯示它的角色更複雜得多。在一些激烈降低動物（例如老鼠）腦中多巴胺濃度的實驗中，多巴胺會引起愉快感覺的假設出現了破綻。這樣做的時候，老鼠看來失去了很多牠們的天然動機（包括飲食），但仍然維持一種「喜歡」的能力。例如，假使你給多巴胺匱乏的老鼠一些糖水（老鼠通常非常喜歡吃糖水），牠們仍然會顯示出喜歡糖水的滋味。⑦類似地，那些被藥物阻斷腦中多巴胺活動的病人，仍然表示安非他命之類的物質讓他們感覺愉快。⑧

此假設的另一個反證在於，研究人員發現，「獎賞系統」中的「多巴胺神經元」同樣會在厭惡經驗中被活化（例如在當事人被施以讓人稍微不舒服的電擊之時）。⑨多巴胺作為傳導快樂物質的觀念，很難能夠和可證明它會在負面經驗中起作用的證據相協調。

基於這些發現，研究人員開始修正他們對於多巴胺的觀點，好些新的觀念開始出現。這些新主張雖然認為多巴胺在處理獎賞經驗扮演某些角色，但沒有主張愉快感覺是由多巴胺所創造。為了說明這些假設的其中一些，讓我們以美味的蛋捲冰淇淋作為獎賞的例子。在一個星期五傍晚，你在一間新開的冰淇淋店前面駐足，發現它販售的一種冰淇淋口味是你從未見過的。它結合了你喜歡的其他幾種冰淇淋的特色（在我的話，那會是蘋果派和鳳梨冰淇淋的結合，外加幾塊肉桂卷，甚至混合了一點點焦糖）。你買了一支，發現那是你吃過最好吃的蛋捲冰淇淋。

一個假設主張，多巴胺可以幫助你的大腦創造記憶，把冰淇淋連結於任何與如何得到獎賞有關的事情（例如你是從一間新開冰淇淋店買到，當時是星期五傍晚等等）。被連結的還可以是經驗中較微小的細節，例如冰淇淋店的氣味、店裡正在播放的音樂，甚至是你在吃冰淇淋時的情緒。

透過把吃冰淇淋時的愉快情緒連結於所有這些細節，大腦會幫助你在日後可以找到路，回到這種怡人經驗。例如，它確保你不會忘記是在哪裡吃到這冰淇淋。以後，每當你碰到任何和那怡人事件相關連的線索時，大腦都會提醒你那個冰淇淋是多麼美味，從而點燃你再吃一次的欲望。

另一個假設主張，多巴胺主要是產生你以後會再找同一個冰淇淋來吃的動機。根據這種觀點，當你開車經過那間冰淇淋店或當你聽到冰淇淋店播放的同一首歌，多巴胺都會創造一個動機狀態（motivational state），驅使你再去那間冰淇淋店。

不過還有一個假設主張，多巴胺和學習所謂的「獎賞預測誤差」（reward prediction errors）有關。每次你的大腦遇到某種也許有獎賞性的東西，它都會預測該獎賞是多有價值（那就是這獎賞讓你感覺有多好，會持續多久，會讓你的感官有多愉快）。每當一種東西的獎賞性大於預期，就會出現一個由多巴胺傳達的強烈反應。當刺激的獎賞價值低於預期時，多巴胺的信號會被壓抑。以這種方式，多巴胺訓練大腦判斷潛在獎賞的價值，決定哪個獎賞最值得追求。根據這個假設，當你吃了那個美味的冰淇淋時，它的獎賞價值遠大於你大腦的預期（雖然你以前也吃過冰淇淋，但這個特別美味）。所以，多巴胺信號為大腦創造出一個提醒，讓你記住那家店的冰淇淋特別有價值。這樣，你就會想要再次到同一個地點吃冰淇淋。

眼不見心不煩

如果想要讓大腦忘掉某種在過去形成強烈愉快連結的東西（例如吃某種食物），不妨試試看把它放在看不見的地方，至少是放在難以拿到的地方。有個實驗是在受試者的辦公室放一碗椒鹽脆餅。有時椒鹽脆餅就放在受試者的書桌上，有時候放在書桌的抽屜裡，還有些時候放在兩公尺外的一個架子上（這讓受試者必須離開書桌才拿得到）。結果發現，那些椒鹽脆餅放在看不見處（書桌抽屜）的受試者吃的分量減少大約三四％，那些椒鹽脆餅放在架子上的受試者吃的分量減少大約三〇％。⑩所以，只要把東西放在較看不見或較難拿到的地方，也許就可幫助你戒掉一種壞習慣。

這些假設的任何一個（或它們的結合）都有助解釋我們在本章一開始看見的S先生的狀況。他大腦裡增加的多巴胺活動也許會導致他對玩刮刮樂的快樂形成特別強烈的記憶，又或者創造一種強烈的動機狀態驅使他反覆購買刮刮樂。當他中獎的時候，高濃度的多巴胺可能會導致他大腦把中獎的獎賞價值看成比應有的大，讓他傾向於下次再買刮刮樂。

對於這些假設究竟哪個正確並沒有太大共識，但很有可能它們不止一個是至少有部分正確，因為我們完全有道理假設，多巴胺在獎賞經驗中扮演多重角色。當然，這些假設也可能無一正確：有些科學家就主張，多巴胺對於我們經驗獎賞性事物的作用受到了誇大。⑪根據這種觀點，多巴胺只是腦中很多對獎賞經驗而言重要的神經傳導物質之一。不管怎樣，大部分神經科學家看來都同意，多巴胺並不是「傳送快樂的神經傳導物質」。

所以多巴胺的角色比當初所假設的要更複雜。但是，不管你在多巴胺獎賞經驗的作用的辯論中站在哪一邊，都沒有多少證據可以支持多巴胺產生快樂感覺之說。然則快樂感覺又是由什麼產生？

快樂要如何解釋？

為了回答這個問題，有些神經科學家繼續探索大腦，尋找捉摸不定的「快樂系統」。他們發現了一些有趣的線索。例如神經成像研究顯示，讓人愉快的事物（例如食、色、藥物、音樂和藝術等）會活化一群腦結構體，其中包括額葉皮質、伏隔核和杏仁核等。⑫不過這些研究只能夠告訴我們這些區域在快樂經驗期間會較為活躍，卻不能告訴我們是它們**引起**愉快經驗。

為了較好瞭解是哪些腦區**引起**愉快感覺，研究人員常常借助較為侵入性的實驗，而這些實驗一般都不允許以人做為對象。透過對齧齒動物某些腦區進行刺激或注射藥物，科學家已辨識出分布在大腦不同部分的「快樂熱點」（hedonic hotspot）。受到刺激時，這些熱點看來可以產生或擴大愉快反應。⑬

不過，對這些熱點的研究卻讓我們開始明白，有些涉及愉快經驗的結構體的作用，常常比我們原本假設的要更精密複雜。例如，對伏隔核的研究顯示，此結構體只有一成的部分和快樂經驗有關，其他九成看來都對快樂反應不起作用，甚至可能在受到刺激時積極壓抑快樂反應。⑭

所以，我們對快樂經驗的瞭解非常不完整。雖然對這個課題已經有多年的密集研究，但仍然難以取得清楚的答案。儘管如此，科學家仍然堅持不懈地鑽研大腦是怎樣產生快樂感覺。他們會這樣堅持，理由之一是希望這類研究有助於解決一個問題：成癮。端視你怎樣定義成癮，而我們人口中有九％⑮到五〇％⑯的人都受其影響。

成癮

根據國家藥物濫用研究所估計，二〇一六年有超過兩百萬美國人需要接受毒癮或酒癮治療（其中只有極少數確實接受治療）。⑰二〇一〇年，一群研究者調查廣義的上癮（不止對毒品和酒精上癮，還包括對飲食、賭博、上網、工作、購物和性愛上癮），發現可能有接近五成的美國人有一種或以上的癮頭。⑱

為了內容簡潔，以下我只談毒品成癮，但要記住的是，該研究顯示，對某些行為（例如賭博或性愛）或其他物質（例如食物）上癮的情形一樣常見。以下我對毒癮的大部分論述也適用於其他癮頭。

成癮帶有癡迷和強迫性質。癡迷讓人對毒品念茲在茲，完全只關心怎樣把毒品弄到手。強迫性導致有毒癮者明知毒品有害，仍然忍不住使用。這會導致關係的破壞，讓人忽略對工作或學校的責任，甚至失去對毒品以外的一切的興趣。

毒癮還會促使一個人在明知毒品對身體有害的情況下繼續使用，不理會它們構成的生理威脅。所以，當他們繼續使用毒品的時候，是在冒生命危險。但到了這時候，癡迷和強迫已經太過有力，讓人無法停止。二〇一七年，有超過七萬的美國人死於服藥過量，比死於整場越戰的美國人總數還要多。⑲

毒品是憑什麼可以創造出強大的驅策力，乃至讓人甘冒生命的危險？在過去，研究者和一般人一樣都假定，有毒癮的人只是做出了一個壞選擇：他們**選擇**繼續用藥過量，同時**選擇**不理會一切後果。然而，神經科學今日已經讓我們更加明白，吸毒可以讓人產生一連串神經生物學上的改變。這些發生在腦部的改變會讓擺脫癮頭變得極端困難——不管當事人**怎樣希望**都一樣。

惡性循環

為了理解這些改變，讓我們假設有個叫安妮的女大學生為準備即將來臨的神經科學考試而第一次服用了「阿得拉」（Adderall）之類含安非他命的興奮劑。這是一個我熟悉的例子，因為安非他命在大學裡的使用蔚為流行。學生很容易拿到這一類藥物，

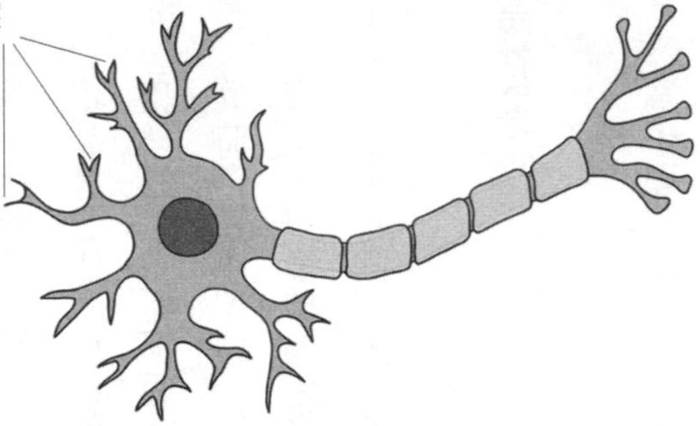

服用它來保持清醒以便讀書或追劇。

第一次服用「阿得拉」的時候，安妮覺得它微微讓人愉快。她的大腦認定這是一個正面經驗，對服用「阿得拉」所感受過和做過的一切形成強烈記憶。她的大腦在「阿德拉」、讀書、服藥的時間（夜深）以及甚至她讀書時喝的汽水的滋味之間，創造出強而有力的連結。

這些連結的形成會伴隨著腦結構的改變。例如，在「獎賞系統」裡，典型是從其他神經元接收信息的神經元部分——稱為樹突（dendrites）——會長出新的突出物去連結周遭的神經元。[20]據相信，這一類改變讓神經元可以跟其他附近的神經元做出新的和／或更強烈的連結。

神經元這些結構上的改變看來也讓「獎賞系統」跟已經與愉快經驗勾連的事物（例如用藥時候的環

境，還有藥物的氣味和滋味等）更加「同調」。新的神經元連結讓大腦在碰到任何和獎賞有關的東西時都會快速反應。這反應包括啟動再一次尋求愉快經驗的欲望和動機。

有些研究顯示，這一類連結甚至可以在當事人自覺到之前就被活化。㉑例如，假設有個戒菸的人走在街上。當他走過某個正在吸菸的人身邊，一陣香菸煙霧會迎面而來。不過，在他還沒有意識到菸味和對抽菸快感的記憶的連結之前，大腦的獎賞區域也許就已經做出連結，在零點幾秒之前便啟動了欲望。這一類對獎賞相關的刺激的不自覺和反射性回應，讓人想要壓抑欲望變得更加困難。

在安妮的例子中，當她下一次迎接大考時，大腦神經元的這種重新組織讓讀書被強烈連結於她對「阿得拉」曾經令她有過什麼感覺的記憶。當她想為考試準備時，便產生出對「阿得拉」的強烈渴望。她認為「阿得拉」有助於準備考試這一點，讓她下決定的時候更加容易，因為看起來若不服用「阿得拉」幾乎等於選擇不把成績考好。至少這是她用來說服自己的藉口。

隨著時間過去，安妮更常服用「阿得拉」。現在她不只考試前會吃這種藥，在做運動之前或者起床後想更有精神的話，也會服用。她的大腦很快就把「阿得拉」跟很多其他的活動和環境連結起來，所以大腦繼續對這些地點和事件起反應，增加了用藥的動機和欲望。她服用安非他命已經變為常態，開始需要使用其他藥物以幫助睡眠。

強化你的自我控制肌肉

雖然克服癮頭並不能光靠意志力，但各位也許可以透過加強自我控制的能力幫助自己戒掉一種壞習慣。研究顯示，在你人生一個領域出現的自我控制，也許有助你在別的領域發揮自我控制，而有些研究者把自我控制比擬為肌肉，認為自我控制就像肌肉一樣會越用越強。所以，在你人生一個或一些領域練習自我控制，也許可以幫助你加強整體意志力。例如，有一個實驗讓受試者在試圖戒菸兩星期前先避免吃甜食，結果發現，受試者接下來二十八天不抽菸的人數，是那些戒菸前沒有練習自我控制的人的一倍。㉒

安妮的大腦也開始出現其他變化。就像身體大部分器官一樣，大腦喜歡平衡。但安非他命導致的神經傳導物質大量增加擾亂了大腦的平衡。作為回應，大腦企圖減少在安妮用藥期間受到過分活化的受體的活動。大腦常用的方法之一，是暫時移除這些受體的其中一些。

由於大腦為回應用藥所做出的這些改變，「阿得拉」對安妮的作用開始變弱。但因為安妮在這種藥物和它引起的愉快經驗之間已建立起強烈連結，所以她並沒有因為「阿得拉」作用減弱而停止吃藥。相反地，她增加劑量，希望可以恢復她最初服用時的效果。

接著大腦再次為了恢復平衡，設法壓抑安妮大腦一些負責獎賞和愉快的區域。不過這會帶來一些意料之外的副作用，那就是不只讓安妮從「阿得拉」得到的樂趣變少，她從人生其他事情得到的樂趣也變少了。漸漸地，她在沉迷「阿得拉」之前喜歡做的事情（例如看電影、閱讀和遠足等等）不再讓她覺得有趣。這種難以經驗快樂的情況稱為「失樂症」（anhedonia）。對那些把快樂和特定藥物連繫在一起的人來說，「失樂症」會加倍驅使他們透過該種藥物尋求快樂，因為看來已經沒有事情可以取代它。

隨著安妮對安非他命的癮頭越來越強，她大腦額葉皮質中負責控制衝動和做出決定的部分變得活力不足。這種活動減低現象的成因並不完全清楚，卻在很多種不同藥物的癮君子身上都看得見，它們也許會讓當事人更難以壓抑欲望和做出正確決定。㉓當然，這些能力的受損對於一個設法避免做出決定的癮君子當然毫無好處。以一個決定戒掉古柯鹼的女子為例，如果有人在派對上提供她古柯鹼，大腦中通常可以幫助她拒絕接受的部分也許會功能不彰，讓她更難做出說不的決定。

最終，安妮意識到服用安非他命是個大問題。因為嚴重失眠，她感覺自己需要安非他命來保持精神，否則她在白天就會疲累不堪。她感覺有需要增加服用的劑量，但劑量的增加也讓她變得易怒。有時她覺得自己服用了太多「阿得拉」，需要喝兩杯才能讓自己平靜下來。另外她也開始把藥片壓碎，改為用鼻子吸，因為這樣可以增加藥物的效果和立即有感覺。

到了這時候，安妮已經看出來情況不妙，想要戒掉「阿得拉」。她已經**不喜歡**「阿得拉」，能夠從這種藥物得到的愉快感覺非常少。但每次嘗試停止服用，她就會覺得自己越來越難清楚思考和運作。這部分是因為她依賴安非他命來彌補失眠的認知後果，同時也是因為戒掉一種大腦習慣的藥物會導致壓力激素釋放，引起焦慮和心神不寧。[24]

所以，當她嘗試戒掉「阿得拉」時感覺很糟糕。由於她的大腦已經把「阿得拉」連結於很多不同的人、地點和事物，所以總是不斷啟動欲望，誘使她相信服用安非他命是唯一可以讓自己再次感到愉快的方法。她大腦有一些強有力的部分不肯放開安非他命曾經讓她感覺愉快的記憶。這個部分異常堅持，力量龐大得足以壓倒理性思維。

對成癮的新觀點

就像我們從安妮的例子所看到的，當一個人對一種藥物上癮，大腦就會發生各種變化，發揮把癮頭維持下去的作用。如果你的人生中不曾有過和一種癮頭戰鬥的經驗，那你在讀安妮的例子時也許會納悶：「她為什麼不直接戒掉？」

誠然有很多人可以硬生生戒斷一種癮頭，但對大多數人而言，這種事難之又難。畢竟大腦既是讓你賴以下決心去戒掉毒癮的機制，但同時又會阻礙你這樣做。當你決定停止服用某種藥物時，大腦的其餘元素會認定這種藥物非常有價值（幾乎就像你飢餓時會認為食物所具有的價值）。甚至在你有機會發揮意志力之前，這些元素便聯手促進你想取得該種藥物的動機。

這種觀點支持了成癮不單純是一種選擇的主張，而更像是一種憂鬱症之類的神經性失調。不過這種觀念是有爭議的，因為有人也許會認為，那表示當一種癮頭形成，人就會完全無法擺脫它的箝制（特別是在沒有藥物干預的情況下）。畢竟，我們一般並不認為憂鬱症是單憑意志力或正確決定就可以擺脫的。但動機和選擇可以是克服一種癮頭的重要因素，而很多成癮者最後也的確能戒掉壞習慣。㉕

與此同時，我們亦不能否定，毒癮不只是關於選擇要不要服用一種藥物而已。它也會導致神經生物學上的改變，導致獎賞被過分高估，並且讓癡迷性和強迫性行為持續下去。這些改變也許會損害一個人做出理性決定的能力，讓人好奇他們的選擇多大程度上可被認為有自主性。

儘管如此，也許仍然會有人主張，成癮和選擇是分不開的，因為人是在一開始選擇吸毒才會形成毒癮。如果從未服用某種毒品或從事某種行為，癮頭無疑可以避免。不過，癮頭在這方面並不是獨一無二，生活形態的選擇也是我們一些最麻煩疾病的成因。例如「第二型糖尿病」就是強烈受生活形態影響（癡肥是最大致病因素）。行為（例如少做運動、營養不均衡和吸菸）也可能增加罹患癌症、心血管疾病和好些其他健康問題的風險。不過當這些疾病出現，我們極少歸咎於病人本身。

所以，我們應該把成癮者放在一個相似的範疇。不管你對成癮原因有什麼看法，神經科學都主張，我們應該把成癮視為一種失調而不是差勁判斷的結果，不是當事人應該自作自受。科學界和醫學界現在都傾向於把成癮視為一種失調，而採取這種觀點是讓我們對成癮的神經生物學取得很多重要理解的關鍵。不過大眾和司法系統在面對成癮問題時，有時還是會採取怪罪病人的態度。

成癮者在某個意義下是他們自己大腦的受害者。「獎賞系統」的演化確保了我們繼續有動機找到那些對生存來說最重要的東西（例如食物和水）。就此而言，它是一個巧妙的機制。畢竟除了將我們賴以生存的東西呈現為使人愉悅的狀態，還有什麼方法更能保證我們會持續尋求它們？但「獎賞系統」有時運作得未免太好，而我們的大腦有時也太熱心於把快樂最大化和把痛苦最小化。這種熱情有可能會打開快樂的黑暗面，揭露出大腦一個驚人和具破壞性的二分法。

第9章

疼痛

Pain

剛出生時，戈比・金拉斯（Gabby Gingras）看似是個健康快樂的嬰兒。每個父母多少都會對新生兒的健康感到焦慮，在觀察了女兒一段時間之後，戈比的父母放下了心中的大石，開始改為有一種自豪感。

一直到戈比開始長牙，她父母才意識到有什麼不對勁。大部分嬰兒只會咬讓他們牙齦感到舒服的東西，但戈比卻是任何東西都咬，包括實心的塑膠玩具和精裝書。不過這仍然只是一種輕微的異常。真正讓人擔心的是她竟然開始咬自己手指，而且把手指咬到嚴重受傷和流血。

讓這種行為更不可解的是，戈比看來完全沒有感覺。當父母看見嬰兒床上的她手指血淋淋的時候（她媽媽形容這些手指像是「生的漢堡肉」）①，她卻若無其事。她看來完全不痛。

幾乎不可能防止戈比咬自己的手指。長出更多的牙之後，她又開始嚼自己的舌頭——直到舌頭斷掉才停止。因為找不到解決辦法，醫生們建議拔去戈比所有的乳齒，以免她傷害自己。她的父母只能同意。

這個方法暫時解決了亂咬危機，但另一個更具潛在危險性的危機又告出現。在戈比大約滿一歲的時候，有一次媽媽抱起她時發現她眼睛有一片絨毛。當媽媽試著把絨毛移開，卻發現那根本不是絨毛，而是傷疤。原來戈比嚴重抓傷了自己的眼角膜。大部分成年人受到這種創傷都會痛得扭動身體，無法張開眼睛，但戈比卻若無其事。

醫生把戈比的眼睛縫起來，讓它有機會痊癒。但她把縫線拆掉了（再一次是沒有任何痛的感覺），她的眼睛因此未能康復，失去了視力。醫生擔心傷口感染會威脅戈比的生命，被迫把眼睛摘除。

從此之後，戈比戴上保護性的隱形眼鏡，又在白天戴上護目鏡和在晚上戴上泳鏡，以防止她傷害剩下的一隻眼睛。雖然有這些預防措施，到了十七歲的時候，戈比的視力還是所餘無幾，符合法律上認定的眼盲標準。

但視力受損不是戈比唯一需要承受的苦難。她因為意外失去所有恆齒，又接受了一次切除部分下顎的手術（她的下顎裂了幾個星期卻不自知）。她有過多次骨折、燒傷和其他狀況。所有問題都源於她父母最後才明白的理由：她沒有感受疼痛的能力。

戈比患有極罕見的「遺傳性感覺及自律神經病變」（hereditary sensory and autonomic neuropathy）。在這種病症中，用來偵測疼痛和極端溫度的感覺神經元並沒有得到適當的發展，讓病人失去了感覺疼痛和極端溫度的能力。

戈比的個案有助於凸顯疼痛的重要性。雖然我們傾向認為疼痛是一種累贅（有時無疑真的是如此），但它也可以是一種極端重要的信號。疼痛能讓大腦知道身體受到了什麼樣的損傷，因而得知環境中可能有危險的事物存在。大腦可以利用這種資訊馬上離開環境和開始修補損傷。

失去這種信號有時會引起麻煩，甚至導致災難。和戈比患有同樣病症的人有更高的早死風險，因為他們對受傷不知不覺或是不知道要害怕危險。換言之，對疼痛無感的小孩很難學會他們必須避免哪些危險行為。這是因為我們大部分人都是透過疼痛學會這種事。如果你曾經從一根低垂的樹枝上跳下一棵樹，導致雙腳劇痛，你就比較不可能從一根高十英尺的樹枝上跳下一棵樹。不過像戈比這樣的病人卻無法從疼痛中學習，例如有一個十四歲的少年就是因為跳下屋頂而死亡。②

所以，疼痛雖然聲名欠佳，我們卻不可以棄如敝屣。我們需要疼痛作為信號，讓大腦知道有事情對身體構成威脅。缺乏這個信號就像誇大這個信號一樣深具破壞性。當然，就像大腦使用的其他信號一樣，疼痛也和神經元共相終始。

疼痛的途徑：從受體到大腦

皮膚上遍布著小小的受體蛋白（receptor proteins），用以回應從皮膚微微凹陷到受損等各種狀況。當這些感覺受體受到刺激，就會傳訊到你的脊髓，再由脊髓把信號傳到大腦。

有一些受體高度專門化，只負責對有害的刺激做出反應（這些刺激包括強烈壓力、組織受損或溫度的極高和極低），它們被稱為「傷害受體」（nociceptors，或譯痛覺受體）。每當你受傷、燒傷或凍傷，它們就會被活化。它們是疼痛的源頭。

當「傷害受體」被活化，它們就會沿神經元把一個電脈衝發送到脊髓。然後這個信號會沿著分布在脊髓另一邊的神經元傳到大腦。這些神經元構成許多不同的疼痛路徑，它們被統稱為「前外側系統」（anterolateral system）。會這樣稱呼，純粹是因為它們位於靠近脊髓的前面和側面。每條路徑以一個不同的腦區為終點，而最突出的一條路徑是從脊髓通到「下視丘」，稱為「脊髓丘腦徑」（spinothalamic tract）。「脊髓丘腦徑」在知覺疼痛的位置、強烈程度和性質上扮演關鍵角色。

就像第七章提到過的，「下視丘」常常被形容為一個轉運站，但它的功能遠遠不只是轉運資訊。「下視丘」的神經元一樣會積極處理資訊。「下視丘」在處理疼痛信號一事上的角色還沒有完全弄清楚，但有證據顯示這個結構體也許涉及對疼痛刺激的多種不同回應，例如把注意力帶到疼痛發生之處、協調對疼痛的情緒反應，甚至是增加或減少疼痛的強度。

不過，疼痛的處理過程並沒有結束在「下視丘」。疼痛信號會從「下視丘」被帶往皮質的許多區域，而這些區域都涉及疼痛知覺。其中一個區域稱為「初級體覺皮質」（primary somatosensory cortex），但它處理的不只是疼痛信號，還包括所有類型的觸覺信號。

觸覺和痛覺的交會點

「初級體覺皮質」的不同部分各自負責接收身體不同部分的資訊——這種安排稱為「體覺拓撲」（somatotopic）。換言之，「初級體覺皮質」有一區是專門接收來自雙手的感覺資訊，有一區是專門接收來自雙腳的感覺資訊，還有些區是分別接收肩膀、手肘和腳踝等的資訊。這種「體覺拓撲」安排和我們在運動皮質所看見的類似。

「初級體覺皮質」的活動和處理一個刺激的疼痛及非疼痛雙方面同時有關。例如，「初級體覺皮質」既幫助我們認識疼痛的強烈程度，也幫助我們知道它

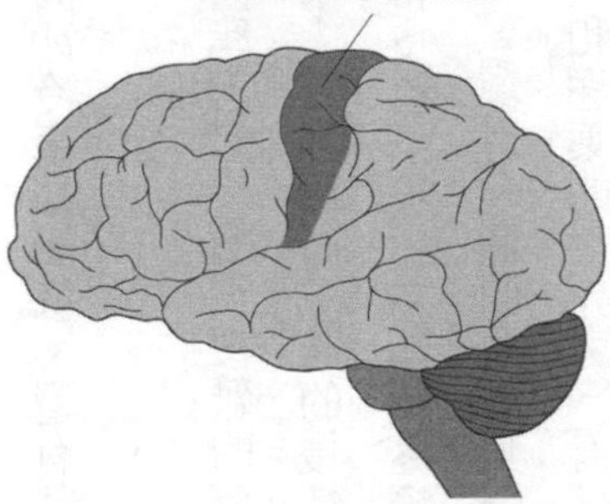

是在身體的哪裡發生。它也讓我們知道引起疼痛的事物的非疼痛特徵，例如質地、動靜等等。如果你用鐵錘打到自己的手指，某些負責你手指的「體覺皮質神經元」就會被活化，指出疼痛是發生在手指。其他神經元會感受到鐵錘的冰冷金屬觸感。還有其他神經元則會偵測到疼痛是快速的敲打引致。

「前外側系統」的神經元還會和皮質的其他區域溝通，產生對疼痛更複雜的反應。這些反應對基本疼痛知覺來說很重要，但也許對那些會讓人因疼痛而求診的慢性疼痛問題更有影響力（稍後有較詳細的談論）。例如，「扣帶皮質」被認為涉及疼痛經驗的不同方面，從痛感的情緒成分到控制和抑制疼痛不等。還有一個叫「島葉」（Insula）的腦區（它深深埋在大腦皮質裡面，位於額葉、頂業和顳葉的交界處）看來同樣涉及疼痛的情緒成分、疼痛控制和回應疼痛時的「打或跑反應」。

疼痛的情緒成分的重要性可以透過患有所謂「痛覺失認症」（pain asymbolia）的病人得以凸顯。在這種罕有的病症中，病人會體驗到疼痛，但卻若無其事。雙手被針扎到的時候，他們會說好痛，但他們說這話時會面帶微笑，而且不像我們大多數人那樣，會發自本能地縮手。他們可以感受到疼痛，但疼痛對他們毫無意義。他們的大腦不會把疼痛解釋為危險的信號。這種罕有的症狀通常都是「島葉」受損引起。③

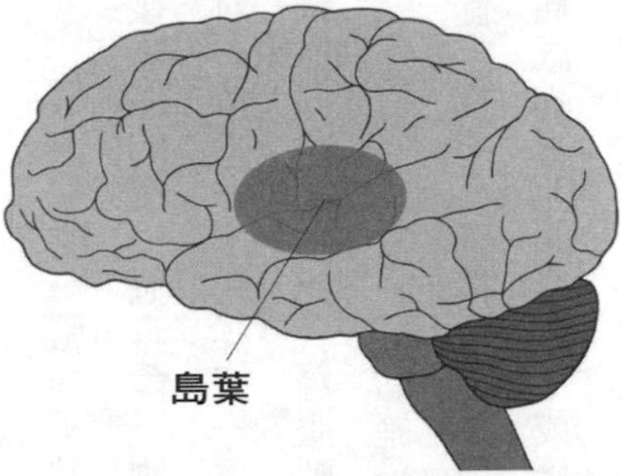

島葉的一般位置（實際上在大腦表面無法看見島葉）

所以，疼痛不只是一種不愉快的感覺，僅僅是因為你的手被針扎到而引起。它還牽涉到認知與情緒。當針扎入你的皮膚，大腦馬上會認出這種感覺是不愉快的，它還會讓你心跳加快，讓你產生害怕、焦慮或憤怒的情緒。如果沒有了這些附加的成分，疼痛對我們的影響就會非常小。而一旦有了這些附加成分，疼痛就會完全佔去我們的心思。

不過，神經系統並不只是坐視你疼痛，不思幫忙。它提供多重機制去抑制疼痛，讓疼痛不會變得太過鋪天蓋地。

把疼痛揉走

假設你從一張椅子站起來，手肘一不小心撞在桌子上。痛啊！在罵過幾句髒話以後，你的第一個身體反應會是什麼？對大多數人來說，我們的第一反應都會是抓住手肘，按壓一下和揉搓一下。但你可曾想過為什麼我們要這樣做？我們真的認為揉搓一個傷口會讓它比較舒服嗎？

答案是：我們的確是這樣想的，理由在於揉搓確實會有紓緩疼痛的效果。記得脊髓上那些負責接收從「傷害受體」傳來的疼痛資訊的神經元嗎？它們也會接收來自非痛感神經元的資訊，或接收那些由純觸感活化的神經元資訊。我們在手肘撞到後揉搓手肘的動作正是落入這個範疇。

心臟疼痛的易混淆性質

雖然我們有偵測疼痛的高度能力，但大腦並不總是能夠鎖定疼痛發生的精確位置。當疼痛是發生在身體內部而非表面的時候，情況特別是如此。一個好例子是心臟病發引起的疼痛。我們通常是在胸口感覺到這種疼痛，但也有可能是在左手手臂甚至是在下顎、脖子或背部感受到。這種疼痛的分布為什麼會這麼廣，理由還不完全清楚，但有好幾個假設被提出。一個假設主張，來自胸腔內內臟的感覺神經元和左臂的感覺神經元是通到脊髓的同一區域。因為這種輸入的重疊，大腦也許就沒有辦法正確辨識發生疼痛的地方，誤以為那是發生在較靠近之處。

當有大量這類非痛感神經元的資訊傳入，從痛感神經元傳入的疼痛資訊就會受到干預。甚至有人主張，這一類常態的感覺輸入對痛感可以起到類似大門的作用。當有足夠的一般觸覺資訊傳入，就會導致大門關上，讓疼痛資訊無法到達大腦。

這種概念被整合到一種現代的疼痛治療法：「透皮神經電刺激」（transcutaneous electrical nerve stimulation）。「透皮神經電刺激」被用於治療幾乎每一個種類的疼痛，有時有效，有時無效。方法是在皮膚上連接一個產生溫和電流的小裝置，以之刺激疼痛部位的神經。其作用相當類似於我們揉搓身體受傷之處以活化非痛感的神經元，干擾來自「傷害受體」的信號。在這個過程中，它會使疼痛大門保持關閉，讓疼痛資訊無法到達大腦。

有一扇大門控制疼痛向中央神經系統傳輸的想法，在實用上和概念上都證明有用。不過疼痛抑制並不總是開始於感覺神經元的層次。那扇讓疼痛信號可以到達大腦的大門，一樣可以被來自更高層級的命令所關閉。

更高的機制

比徹（Henry K. Beecher）在二次世界大戰期間是戰地外科醫生，他當時的一些觀察最終改變了我們對疼痛的看法。比徹首先注意到，被送到野戰醫院的士兵有時雖然受了重傷，備受疼痛的折磨，但他們大部分都沒有要求止痛藥，而且很多人看起來士氣昂揚。

反觀他戰前在麻省綜合醫院照顧的病人卻是另一個樣子。這些要到醫院接受手術的病人大多數垂頭喪氣，老是因為疼痛而哀叫，常常要求醫生給他們開止痛藥。

比徹開始收集資料以判斷自己的觀感是否正確。有些資料是他在戰地醫院工作時收集，其餘則是他回到麻省綜合醫院服務之後收集。他的發現和他以較隨意態度觀察得到的吻合：平民病人總是比軍人覺得自己的疼痛更強烈。有八八％的平民想要得到麻醉品來止痛，相較之下，只有三二％的軍人有此要求。④

這兩種病人的情況當然有很大不同。住院的軍人都才剛經歷過戰鬥。戰鬥是一種高壓力和高創傷性的經驗，相比之下，醫院在他們看來一定儼如一個安全的避風港。另外，那些受重傷的士兵會猜想他們也許馬上就可以回家。所以，他們會較為安然和樂觀並不奇怪。

與此相反，對平民來說，入院動手術是一種可怕經驗。此外他們還要承受很多其他壓力，例如要為住院費用傷腦筋和為請了太多病假忐忑不安等。

所以證據顯示出，心理因素會影響疼痛。這讓比徹意識到，疼痛不只是一種身體信號，還包含一個結實的心理成分：壓力可以加劇疼痛，心中輕鬆可以減緩疼痛。

待在野戰醫院那段期間，比徹也注意到另一個和疼痛有關的不尋常現象。野戰醫院有時會短缺嗎啡之類的強力止痛劑，所以只能給重傷的士兵注射生理食鹽水作為安慰劑。比徹當然不會告訴他們藥劑毫無止痛作用，所以士兵都以為他們得到的是強力鎮痛藥物。

讓比徹驚訝的是，他常常看到注射生理食鹽水的傷患就像注射嗎啡的病人一樣，疼痛獲得紓解，情形就像因為他們預想疼痛會減輕，所以鹽水就真的發揮了這種作用。這一類反應被稱為「安慰劑效應」，指病人在施打或服用不會對身體產生直接作用的物質之後，身體竟然有所好轉。

將上述種種加在一起，這些發現告訴了比徹，只要環境得宜，大腦必然有辦法抑制疼痛。我們現在知道比徹是對的，而且我們已經辨識出一些擁有此作用的腦區和路徑。

一個重要發現

神經科學家自從一九六〇年代便知道，對大腦某些部位施以溫和電擊，就可以強烈減低痛的知覺。有個這樣的部位就位於腦幹的一塊圓形小區，稱為「導水管周圍灰質」（periaqueductal gray）。它的面積很小，圍繞在一條充滿液體的管道——稱為「大腦導水管」（cerebral aqueduct）——四周，故稱為「導水管周圍灰質」。

第一個可證明「導水管周圍灰質」也許能抑制疼痛的證據來自對老鼠所做的實驗。研究人員發現，當他們刺激老鼠的「導水管周圍灰質」，就可以在沒有

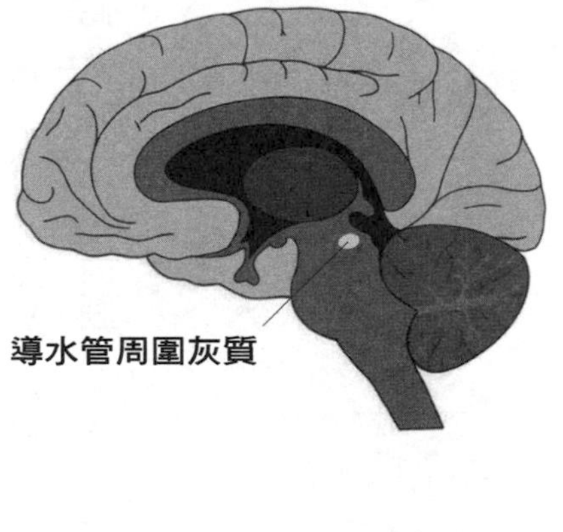

麻醉老鼠的情況下對老鼠進行手術（老鼠不會顯示出嚴重疼痛反應）。⑤起初科學家並不清楚這種疼痛抑制是如何達成，不過接下來十年，一點一滴的發現讓我們對其中的機制有了更清楚的瞭解。

最重要的發現是得知大腦中有些受體能夠被從罌粟所提煉的物質所活化。罌粟是一種開花植物，以能夠產生天然止痛物質鴉片知名。鴉片是製作嗎啡、海洛英、氧可酮（oxycodone）和同類藥物（合稱為鴉片類藥物）的初始材料。對鴉片類藥物起反應的受體——後來被稱為「鴉片類受體」（opioid receptors）——傾向於集中在大腦某些區域多於別的區域。「導水管周圍灰質」就是一個有高密度「鴉片類受體」的部位。

受體的作用有一點類似「鑰匙與鎖」的機制。當一種設計來刺激受體的物質和受體結合，就會將鎖打開，導致細胞內任何數量的潛在反應。然則，我們的大腦裡有些受體是設計來被鴉片類藥物「打開」，這話是什麼意思？

天然的疼痛緩解劑

當初發現這些受體時，研究人員假定它們不是設計來和鴉片類藥物互動。更有理由認為，有些身體本身產生的物質在結構上和鴉片類藥物相似。這些物質才是「鴉片類受體」原定要做出反應的對象，稱為「內生性物質」（endogenous substance）——「內生性」意指「在內部生成」。

這種「內生性物質」是在一九七〇年代發現，被稱為「內生性鴉片類藥物」（endogenous opioids）。今日，研究人員已經能夠辨識許多不同種類的「內生性鴉片類藥物」，而各位十之八九至少聽說過其中一種：「β－內啡肽」（beta-endorphins，內啡肽又譯「腦內啡」）。「β－內啡肽」——更多時候僅僅稱為「內啡肽」——在二〇〇〇年代早期開始廣為人知，因為有研究顯示，它們和各種不同的快樂反應有關。

不過該研究（還有對該研究的報導）跑得太快了。從強力運動⑥到吃巧克力⑦到撫摸小狗⑧都被認為可以釋放「內啡肽」。如果你在Google搜尋「內啡肽」，就會找到一些連結，宣稱「內啡肽」為製造快樂的化學物質，並告訴你怎樣才能提高「內啡肽」的濃度。但事實上，大部分環繞「內啡肽」和行為的研究都只找到相關性，我們至今還不確定它們在神經系統的功能的幅度。所以，主張我們瞭解它們在快樂一事上所扮演的角色，乃是誇大其詞：我們常常只是猜測它具有該功能，但真正的瞭解其實少得可憐。

儘管如此，「內啡肽」和其他「內生性鴉片類藥物」看來對於抑制疼痛確實重要。當它們和「導水管周圍灰質」之類部位的受體結合，「導水管周圍灰質」會對脊髓發出信號，抑制攜帶疼痛資訊的神經元。「內生性鴉片類藥物」也可以和很多其他不同部位的受體結合（包括直接和脊髓的神經元結合），抑制疼痛。

各位也許會好奇，既然疼痛是極重要的信號，那麼疼痛抑制為什麼又會成為神經系統的一個特徵？我們演化出疼痛抑制能力，原因除了是為限制有時太過失控的反應，也許還因為它有時有保命作用。

例如，假設你是一個遠古的獵人，走過稀樹大草原時受到一隻飢餓獅子的攻擊。你手上有武器，所以你竭盡所能和獅子搏鬥，但打鬥過程中被獅子咬傷一條腿，牠的爪子深入你的肌肉，讓你出現嚴重的撕裂傷。這就是疼痛抑制功能可以派上用場的時候。雖然受傷嚴重，但疼痛抑制功能可以讓你暫時忘記疼痛，全神貫注與獅子打鬥。在這種高壓力處境之下，大腦特別擅長抑制疼痛信號。這樣，你就可以先設法擺脫危險處境才去理會傷口的疼痛。

同一種現象有時也會發生在戰場上的士兵或大型運動比賽的運動員身上。他們也許能夠大半時候忘卻疼痛，直至「打或跑反應」消逝為止。所以才會有些這樣的軼事：有士兵在戰火結束後才知道自己中槍，或有運動員在比賽結束後才發現自己嚴重受傷。這不過是可能曾經救你遠祖一命的反應的殘餘。多虧了它，這個世界才會有你的存在。

但這種疼痛抑制作用當然不能解決所有和疼痛有關的議題。這一點從我們社會慢性疼痛人口眾多的現象便已清楚顯示出來。諷刺的是，我們對抗慢性疼痛的努力導致了二十一世紀美國的一場重大公共衛生危機：危險止痛藥物的濫用。

慢性疼痛的問題

因為被鐵錘敲到手指或不小心摸到灼熱火爐而感受到的疼痛被稱為「急性疼痛」，意謂這種疼痛不會持續太久。「急性疼痛」是對受傷的正常反應，而正如我們提過的，這是身體讓你知道四周有危險威脅的重要方式之一。

當疼痛在傷口痊癒之後依然持續，就會變成「慢性疼痛」。雖然「慢性疼痛」有各種不同定義，但一般認為維持超過三個月的疼痛就屬於「慢性疼痛」。這種情況出奇的常見：世界上每五個人就大約有一個為其所苦。⑨這是人們會求診的主要原因，也常常會導致失能。

「急性疼痛」的功能是清楚的，但「慢性疼痛」的用處卻有一點難猜。有些研究者主張，「慢性疼痛」也許就像「急性疼痛」那樣，可以在一個演化的意義上讓人受惠：受傷之後對疼痛的敏感度提高，可以讓人對威脅有更高警覺性和戒心。⑩但不管怎樣，對現代人來說，因為他們不再經常受到掠食動物的威脅，「慢性疼痛」看來沒有什麼好處。

科學家仍然在研究「急性疼痛」是怎樣演變成「慢性疼痛」。一個機制看來涉及第二章談過的「長期增強作用」（一種奠基於近期活動的突觸強化），類似於正常記憶在海馬迴形成期間所出現的情況。只不過在「慢性疼痛」的情況中，發生在脊髓突觸的「長期增強作用」涉及把疼痛資訊傳送給大腦。

這些突觸可以變成神經科學家所謂的「敏感化」（sensitized），即更容易對只是溫和的刺激起反應。這會讓你的突觸接收到過多疼痛信號，導致大腦把本來只覺得輕微不舒服的事情視為疼痛。

雖然「敏感化」極有可能是我們最瞭解的機制，但「慢性疼痛」看來還牽涉很多其他的機制。例如，大腦本來用於減少疼痛的抑制作用不再那麼有效，而「島葉」和「扣帶皮質」之類的腦區也會發生結構性變化（這也許會導致對疼痛的情緒反應增加）。

治療疼痛：一把雙刃劍

由於疼痛是一種複雜反應，結合著身體和情緒成分，所以每個人對疼痛的感受都略有不同。例如在有些人身上，疼痛的反應也許會讓他們更加失能，而另外一些人更加受到心理效應的影響。疼痛這些不同面向的作用當然也端視受傷的種類而定。這種變異性讓治療疼痛變得極端困難。

雖然有好些不同方法可以治療疼痛，但我們首先求助的往往是一般認為最有效的方法：止痛藥。其中一種是「非類固醇消炎藥」（non-steroidal anti-inflammatory drugs），它可以透過抑制促進疼痛和發炎的酶的活動而減低疼痛和發炎。阿斯匹靈和「布洛芬」（ibuprofen）之類的「非類固醇消炎藥」並不是沒有副作用，但在短期服用的情況下一般是安全的。不過，它們通常用來治療輕微到中度的疼痛，對嚴重疼痛較沒有效。

在治療劇烈疼痛時，醫生較有可能開給病人鴉片類藥物。其中一些鴉片類藥物——例如嗎啡和可待因——天然存在於鴉片中。其他的鴉片類藥物——例如氧可酮和氫可酮（hydrocodone）——則是以某種方式從天然鴉片類藥物提煉。還有一些鴉片類藥物——例如吩坦尼（fentanyl）——可以完全以人工方式合成，不需要任何自然物質作為起始點。

所有鴉片類藥物都是以類似方式產生作用，只是效力各有不同。當有人服用了一種鴉片類藥物，這藥物就會和跟「內生性鴉片類藥物」結合的同一批受體結合，以多種不同的方式抑制疼痛。

例如，透過和脊髓的「鴉片類受體」結合，鴉片類藥物可以從疼痛信號的發出處制止這種信號。透過和「導水管周圍灰質」之類區域的受體結合，它們也可以活化前文談過的抑制疼痛系統，導致來自「導水管周圍灰質」的神經元間接抑制脊髓的疼痛信號。在這兩種情況中，可去到大腦的疼痛信號都會劇減，讓疼痛變得較可忍受。

不過，因為「鴉片類受體」遍布神經系統，鴉片類藥物可以在眾多不同區域改變神經元的活動，進而導致除了減低疼痛以外的很多其他效果。這些效果的其中一些普遍被認為是正面的。例如，鴉片類藥物可紓緩焦慮，引起整體的滿足狀態（如果藥物劑量調高抑或是採取吸入或注射方式攝取，這種滿足感也許可以轉化為幸福感）。

但是，鴉片類藥物的大規模活動也會帶來副作用。例如大腸和肛門括約肌都有著許多「鴉片類受體」，所以服用鴉片類藥物容易導致便祕。更重要的是，腦幹各區域的「鴉片類受體」有助於調節呼吸。這讓鴉片類藥物有了一個可以影響呼吸頻率的機制，當大量服用時便會構成問題（後面會再詳談）。

即使不管這些副作用，鴉片類藥物的強大止痛功能和一些大致正面的效果一樣會引起問題。它們讓服用鴉片類藥物成為一種享受，以致有些人沉迷其中，不能自拔。對某些人來說，鴉片類藥物引起的美好感覺太難以忘懷，增加了成癮的風險。

不過，即使那些僅把鴉片類藥物作為處方藥服用的人一樣有風險。正如上一章談成癮時候提過的，大腦喜歡把所有受體的活動維持在一種常態。當受體活動水平太高或太低時，大腦會啟動機制，把水平帶回到常態。這個道理也適用於「鴉片類受體」：當「鴉片類受體」因為服用鴉片類藥物而受到過度刺激時，大腦便會讓受體變得不那麼敏感，甚至暫時移除部分受體。這能夠讓神經系統對鴉片類藥物較不敏感。

以針灸治療疼痛有用嗎？

雖然被歸類為另類療法，但針灸已經成為治療疼痛有點熱門的選項，即使在西方國家也是一樣。針灸的基本思路是，扎針在一些穴位有助於恢復「元氣」的平衡，促進健康。那麼，這種方法有效嗎？難說。針灸在醫學界和研究社群受到熱烈爭論。有些研究認為，針灸在治療某些種類的疼痛時普遍有效，但很多其他研究認為不管針灸能夠帶來哪些好處，都只是安慰劑效應。⑪不過即使針灸的好處只是安慰劑效應，只要它有助紓緩疼痛，仍然比某些藥物療法可取。畢竟針灸很少副作用，沒有太多止痛藥的附帶風險。

敏感性降低的一個後果是，用藥者現在需要更多的鴉片類藥物才能產生他們已經習慣了的反應——這種現象稱為耐受性（tolerance）。但提高鴉片類藥物的劑量會增加成癮的風險。另一方面，如果病人突然停止用藥，「鴉片類受體」敏感度的改變一樣會構成問題。

現在試想以下的情形。你在整個神經系統都能找到一種有很多不同功能的受體，例如抑制疼痛的功能。但因為有人服用了大量鴉片類藥物，這些受體並沒有以它們應有的方式作用。只要藥物仍然在那個人體內，它就會導致夠高水平的活動，彌補失去功能的受體。但如果你突然停止用藥，那麼神經系統可以被活化的「鴉片類受體」便所剩無幾，而你體內也沒有藥物可以用來過度刺激剩下的受體。因為「內生性鴉片類藥物」系統並沒有在正常的層次運作，很多受「內生性鴉片類藥物」系統影響的區域的活動水平也低於正常。

這樣導致的後果在很多方面都和受藥物影響時所經驗的相反。如果一個人突然停止服藥，也許會感覺焦慮、噁心和對疼痛高度敏感。他們會經歷許多不舒服的生理症狀，從心跳加速到腹瀉不等。這些被稱為「鴉片類藥物戒斷症狀」（opioid withdrawal）。雖然不會致命，但仍是極可怕的經驗。戒斷症狀的嚴重程度和習慣服用的藥物劑量相對應，但任何長時間服用鴉片類藥物的人都一定會出現戒斷症狀，儘管他們服用的劑量完全是根據醫生的指示。

所以，鴉片類藥物構成了一種不可思議的成癮類藥物。它們可以讓你感覺很棒，減低疼痛和焦慮，如果服用高劑量的話甚至會產生幸福感。但當你用量太高或維持太久，神經系統就會習慣它們的存在。然後當你試圖戒掉，身體就會反應激烈，讓你非常難過，想要用你知道唯一有用的方法結束這種痛苦：服用更高的劑量。

鴉片類藥物之所以是一個大問題，除了因為它們會讓你的人生受到各種破壞，還有致死的高風險。記得我說過，腦幹各區域的「鴉片類受體」有助於調節呼吸嗎？當一個人服用過高劑量的鴉片類藥物，受體就會受到過多的刺激。這有可能會讓呼吸的頻率減低至危險水平，導致「鴉片類藥物過量死亡」最常見的原因——呼吸抑制（respiratory depression）。換言之，你的呼吸會被抑制或變慢，最後停止。

美國的數字讓人吃驚。在二〇一七年，美國有超過四萬七千人死於服用鴉片類藥物過量。這個數字是一九九九年的近五倍。⑫換算下來，一天大約有一百三十人因此死亡，比死於被槍殺或車禍的人更多。鴉片類藥物的形式相當多樣化，從非法在街頭販賣的海洛英到醫生開立的氧可酮，不一而足。

會出現這種危機其成因是複雜的，從藥廠的不道德行銷、醫生開藥時的漫不經心到各種社經因素，不一而足。因此，有需要多管齊下才能遏止這種趨勢。

所以，疼痛引起的問題不只是個人性的，還是社會性的。與此同時，人們需要疼痛作為信號，提醒我們出現在環境中的危險。因此人類不能以完全消除疼痛為目標。相反地，我們必須學習與它共存。有朝一日，神經科學研究所增進的理解也許會讓我們更懂得如何與疼痛和諧相處。

第10章

注意力

Attention

邁克六十歲中旬突發中風，左臂因而癱瘓。但他慶幸自己能活下來，也對自己仍然能夠清晰思考鬆一口氣。在他看來，出院回家後一切都順順當當，所以當太太茱莉亞堅持要他回去看醫生的時候，他很難不感到困惑。

茱莉亞注意到他有一些奇怪的行為。首先她發現，邁克每次吃飯都只吃半邊盤子的東西。看見這種情形幾次之後，她問他原因，而他每次都推說那是因為他不太餓。當茱莉亞問他為什麼總是吃盤子同一個半邊的東西時，他說那只是巧合。不過他後來每一餐繼續是這樣。

然後，茱莉亞又目睹了一些其他的不尋常情況。邁克在出院後有大約一星期沒刮鬍子，長出厚厚的鬍碴，最後決定要清理一番。當他刮完鬍子從浴室走出來的時候，茱莉亞發現他右半邊臉刮得乾乾淨淨，但左半邊臉卻原封不動。她起初以為丈夫是開玩笑，但當她笑出來的時候，邁克看來有一點困惑。茱莉亞說明她發笑的原因，但邁克迅速把事情打發過去，表示自己「只是漏刮了幾個地方」。

茱莉亞最後把邁克拉去看醫生。醫生首先指一指牆上的指針式時鐘，要求他畫出一個大概的樣子。邁克照辦，但畫出來的時鐘卻是所有數字都是擠在時鐘的右半邊，左半邊空空如也。然後醫生又要邁克畫一朵花。結果他畫了半朵花——一朵沒有左半

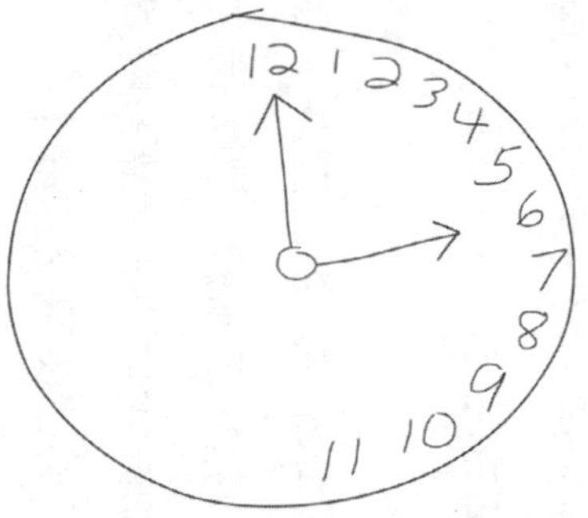

「半側空間忽略症」病人畫的時鐘。

邊的花。最後，醫生給邁克一張紙，要他在紙上隨意分布的短線上打勾。邁克只在紙張右半邊的短線上打勾，便把紙張交還給醫生，並且顯得很為自己的表現自豪。

看到邁克的這些表現之後，醫生斷定他是得了所謂的「半側空間忽略症」（hemispatial neglect）。「半側空間忽略症」有時又稱「對側空間忽略症」（contralateral neglect），最常見的原因是右腦半球的頂葉受損（通常是中風引起）。它會讓病人注意不到他們的視域的其中一邊。

「半側空間忽略症」的病人通常無法意識到自己不能注意到外在世界的一個大部分。有些人在面對明明白白的證據時繼續否認，有少數人更是以偏激的方式否認。例如有個罹患「半側空間忽略症」的七十三歲婦女堅稱她的左手不是她的，說這隻手一定是醫生留在她的病床上。①

這聽起來也許荒謬，但我們的大腦常常會用極端的方法來解釋它所不明白的事情。這種方法稱為「虛構」（confabulation），沒有人能夠免疫。像是「半側空間忽略症」之類的失調看來特別容易讓人想要虛構。

「半側空間忽略症」對注意力是一種嚴重的擾亂，它也很充分地說明了我們的大腦在未能收集到外部世界的一部分資訊時會發生什麼事。但注意力涉及的遠遠不只是接收資訊。環境內充滿資訊，它們的數量如此之多，以致我們如果不能忽略掉其中一些，我們的知覺能力有可能被完全淹沒，而所有刺激會搞混成為一團無意義的大雜燴。

所以，注意力的作用不只是收集資訊，還是摒棄那些並不是特別相關的資訊。因此，我們的大腦不斷在從事一個複雜的篩選過程，其進行常常是你自己意識不到的。只有當它不如我們所預期的那樣運作，或面對一件需要我們刻意保持專注的工作時，它的作用才會變得明顯。

雞尾酒會和注意力

想要瞭解保持注意力有多麼困難，我們可以用雞尾酒會的情況來說明。請想像你參加一個雞尾酒會，正在和一位朋友交談，周圍是幾十個三三兩兩各自談話的其他人。

當朋友對你說話時，有大量資料傳入你的腦中。你專注於朋友說的話、他的面部表情和手勢。不過，還有很多其他交談在你的聽力範圍內進行著。然而，你的大腦卻有辦法不太理會從四面八方不間斷傳入你耳中的話語，主要專注於你朋友正在說的話。研究人員稱這一種選擇能力為「雞尾酒會效應」（cocktail party effect）。

也許你會認為在雞尾酒會上，你對其他人的談話多少都有一點注意。這也許是事實，但你之所以會注意別人的談話，主要發生在你談話的休息間歇，否則你十之八九不可能專注於面前的談話。研究顯示，我們幾乎不可能同一時間對一個以上的交談投以密切的注意。

所以，在雞尾酒會上，你的注意力主要是放在對大腦來說最重要的事情：正在和你說話的那個人以及他所說的話。但你的大腦並不會對周遭的談話完全置之不理，而是對它們保持一種低水平的意識，隨時準備好會聽到特別重要的事情。

對大腦來說，你的名字便是特別重要的事情之一。即使你對四周正在交談的內容完全茫然，你的耳朵仍然能夠在這些交談提到你的名字時聽見。所以，如果旁邊有個人開始提到你的名字，你大有可能會注意得到，儘管你的主要焦點仍然是放在朋友身上。

當你的注意力是放在你所參與的談話上，你就是在發揮一種「內生性注意力」（endogenous attention）。在談到「內生性鴉片類藥物」時，我指出過，「內生性」一詞意謂「從內部生成」。所以，「內生性注意力」意謂一種起自你內部願望的注意，亦即你會注意是因為你想要注意。「內生性注意力」有時又稱為「自上而下的注意力」（top-down attention），因為這種注意力是發自大腦的高層，即發自自覺的願望。

這和「外生性注意力」（exogenous attention）構成對比。每當我們注意力被環境中的其他東西自然吸引走，就是「外生性注意力」發揮作用的時候。這在當你聽到附近有人提到你的名字時會發生。那又有可能是因為有人把酒杯掉到地上摔得粉碎而引起。在這兩種情況，你都會幾乎反射動作似地把頭轉向聲音的來源。「外生性注意力」有時又稱為「自下而上的注意力」（bottom-up attention），因為你對它只有很少的自覺性控制。這時候，不是你的高層意識在控制注意力，而是注意力在控制你的自覺腦活動。

注意力分為內生性和外生性兩種。當你發揮其中之一時，另一者就會某種程度受到壓抑。然而我們知道，即使你極端聚精會神，但環境中總有事情能夠讓你分心——只要這件事情夠顯著的話。

大腦中的注意力

發揮注意力是一件複雜的工作，這就不奇怪有很大一部分的大腦都介入這項工作。不過在這件事情上，有些腦區看來比別的腦區更重要。

雖然注意力可以出現在任何的感官（視覺、聽覺、觸覺等等），但為了把事情簡化，我主要將使用視覺作為例子。這是因為人乃是視覺的動物，而且如果我要求各位回想五件各位過去一星期以來曾投以密切注意的事情，大概至少有四件涉及視覺注意力。不管是看一齣電影、讀一本書或者用手機瀏覽社交網站，你都是在使用視覺注意力。

不令人驚訝的是，當我們用任何感官去注意事情，負責處理該種感官資訊的大腦部分通常都會變得較為活躍。所以，例如當我們用視覺注意事情時，你的「初級視覺皮質」的活動就會增加。同樣說法也適用於涉及處理刺激的其他視覺區域。比如說，

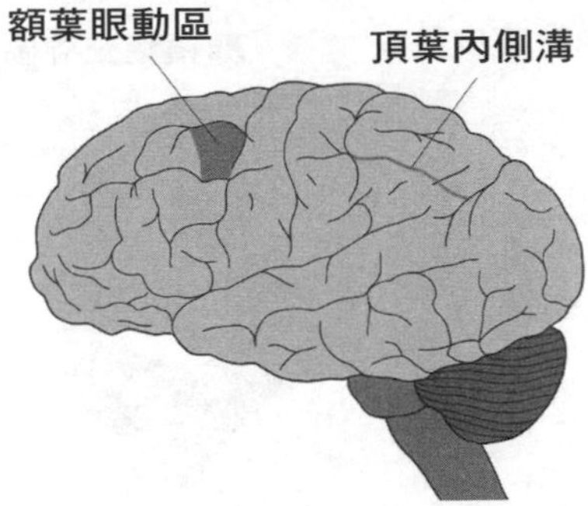

記得第七章提過的「紡錘臉孔腦區」嗎？當你專注於一張臉，「紡錘臉孔腦區」的活動就會增加。②

不過這只是整件事情的一部分。研究人員找到了一些重要的腦區網絡，它們在進行需要專注的工作時看來更加活躍。而且有證據顯示，「內生性注意力」和「外生性注意力」是由不同的網絡負責。

例如，如果我們在進行「視覺內生性注意力」任務的期間觀察腦活動，會發現一組由兩個腦區構成的網絡高度活躍。這兩個腦區其中一個稱為「額葉眼動區」（frontal eye field），另一個稱為「頂葉內側溝」（intraparietal sulcus）。「額葉眼動區」位於兩個腦半球的額葉，而研究顯示，它們在以「內生性注意力」為基礎的視覺專注中扮演重要角色。③「額葉眼動區」有助各位在閱讀本書時把視線保持在頁面上。

「頂葉內側溝」位於頂葉。「溝」這個術語指覆

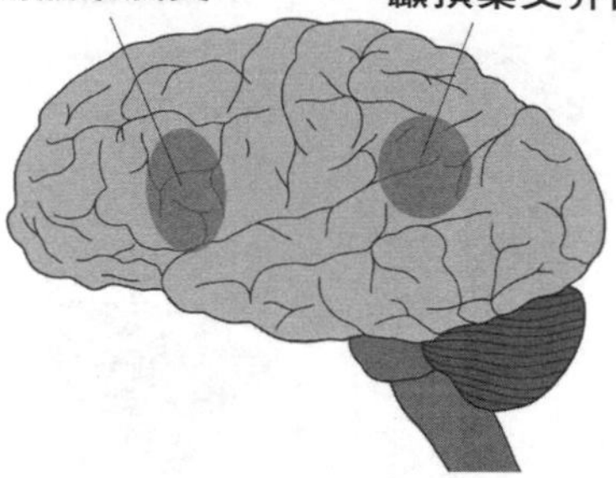

蓋大腦表面的深溝，正是這種溝讓大腦有一個皺巴巴的外貌。當我們專注在某些我們認為重要的事情時，「頂葉內側溝」會極為活躍。④

不過「額葉眼動區」和「頂葉內側溝」都不是單獨運作。它們看來在引導視覺注意力一事上起著帶頭作用，但是它們也徵召很多其他腦區幫助，以確保運作順暢。

此外，研究者也找到了另一個主要是負責「外生性注意力」的網絡。類似地，它涉及頂葉和額葉一些部分的連結，但是它的中心位於不同的腦區。相當有意思的是，這個網絡的活動看來主要發生在右腦。⑤再一次，有兩個腦區是主要的作用者，一是「顳頂葉交界區」（temporoparietal junction），另一是「腹側額葉皮質」（ventral frontal cortex）。

從解剖學的角度看，「顳頂葉交界區」並不是一個定義得很好的腦區，但它一般被認為是位於顳葉和頂葉的接壤處。「顳頂葉交界區」會在注意力轉換時變得活躍——例如附近有人在談話中提到你名字或大廳另一邊有一只玻璃杯摔碎在地板上的時候。當你處於「內生性注意力」狀態的時候，「顳頂葉交界區」的活動會受到壓抑。這十之八九是因為你不希望注意力在沒有好理由的情況下離開重要的事情。⑥

「腹側額葉皮質」是另一個沒有清晰解剖學定義的腦區。它會在「外生性注意力」轉換的時候被活化。⑦雖然它在這件事情上的角色並不完全清楚，但它看來對工作記憶（working memory）的運作起重要作用。所以，它也許有助於維持對一個環境的記憶，以此辨識出意料之外的改變，為注意力的轉換提供基礎。

再一次，「顳頂葉交界區」和「腹側額葉皮質」並不是單獨運作。它們是透過和其他腦區連接，才能有助於把你的注意力轉向始料未及的刺激。這兩個網絡同時還會互動，進行動態的合作。一者的活動增加，另一者的活動就會減少，反之亦然。正是因為我們的大腦能夠那麼有彈性且輕鬆地從一個網絡轉換到另一個網絡，我們的注意力才會轉換自如。

注意力的有限資源

我們的大腦非常厲害，能夠不費吹灰之力地保持專注，並且在環境出現什麼重要事物時快速轉換注意焦點，然後再重新聚焦於原本目標。不過，注意力有一個明顯缺點：它的供應量並非無限。我們都知道，要發揮注意力有時極端困難。

研究人員早就注意到，我們的注意力有限。有一個可顯示這一點的實驗是讓人戴上耳機，兩隻耳朵聽不同的談話。受試者通常只能夠清楚聽見其中一隻耳朵的談話，對另一隻耳朵聽見的談話僅有依稀印象（例如只知道說話者是男是女）。事實上，當研究人員用這個方法來測試雞尾酒會現象時，發現受試者在附近有人提到他們的名字時，大約每三次才會聽到一次。⑧

同樣效應也出現在視覺資訊。例如，如果你要求一個人同時看兩段短片，他們能真正專心看的只是其中一段。又如果你要求他們專注於畫面的某個方面，他們也許就沒注意到畫面中一些看似很難會漏看的部分。一個例子是哈佛大學的西蒙斯（Daniel Simons）和查布里斯（Christopher Chabris）所做的一個實驗。他們讓受試者專心觀看一段有兩隊人（一隊穿白襯衫、一隊對穿黑襯衫）各自來回傳遞一顆籃球的短片。研究人員要求受試者計算籃球被傳遞了多少次。有些受試者負責專心看白襯衫隊伍傳球，另一些受試者負責專心看黑襯衫隊伍傳球。

就在他們聚精會神看著籃球被來回傳遞之時，出人意料的事情發生了。一個穿著長頸鹿裝的人從左邊進入畫面，在兩支隊伍之間走過，然後從畫面右邊離開。令人驚訝的是，只有四二%專注看白襯衫隊伍的受試者有看見穿長頸鹿裝的人。⑨其他受試者都太過目不轉睛，以致把穿長頸鹿裝的人和穿黑襯衫的傳球者搞混了。

有些研究者把人們的注意能力比擬為一盞探照燈。根據這個類比，大腦會把你的注意力焦點往環境到處照射，突顯出那些當時對你重要的東西。不過，雖然這探照燈可以幫助你把環境中的某些方面突顯出來，它也無可避免會讓其他方面落入暗影中——就像那個穿長頸鹿裝的人所顯示的那樣。這些是我們沒有注意到的刺激，我們無法收集它們的資訊。

不過，你的大腦並不是對發生在探照燈之外的事情全然無知。它會在潛意識的層次過濾掉不重要的資訊，但仍然保持警覺，隨時留意是不是有哪些非常重要的事情發生在你的注意力焦點之外。這個過濾過程好比一個瓶頸。因為環境中有太多資訊可供我們抓取，所以我們只會選擇最有價值和必要的資訊，加以注意。這些資訊成功穿過瓶頸，而其他較不重要的資訊則會被排除。

所以雖然注意力是一種了不起的技巧，但它仍然有侷限性。不過這用不著實驗來證明，是我們從經驗就可以得知。但正因為這樣，有些人竟然設法突破侷限，企圖一心多用，便顯得更加讓人驚訝。

一心多用

智慧型手機和其他科技的進步讓一心多用成為潮流。人們常常自稱為「善於一心多用者」（good multitasker），以顯示自己很有能耐。書本和產品紛紛提出幫助人提高一心多用能力的策略。只要往人多的地方看一眼，你就會發現有很多人正在做著一件以上的事情。他們會邊交談邊發簡訊，又或者一面打電腦一面聽耳機。雖然很多人都認為他們擅長一心多用，研究結果卻顯示，絕大部分人在一心多用的情況下，工作表現很難不顯著降低。

在我介紹那個研究以前，首先澄清一件事情。當我們使用「一心多用」這個詞，其實通常是指「心思來回切換」。就像之前談過的，大腦能夠同時專注兩件工作的能力非常有限，大部分人都無法有效做到。當我們自以為一心多用時，其實只是把心思輪流轉換於幾件工作之間。所以當你一面交談一面回簡訊的時候，事實上不是同時做兩件工作。你的注意力探照燈是在這兩件工作之間切換，一下放在這兒工作，一下放在那兒工作。類似地，當你工作時開著電視，不可能同時完全專心工作又能夠注意到電視上演些什麼。相反地，你的注意力會像探照燈那樣，在兩者之間來來回回，而每當你的注意力落在其中一者，就不會從另一者得到太多資訊。

不讓人意外的是，很多研究都主張，這種一心多用會損害工作表現。最讓人遺憾的例子之一是一面開車一面傳簡訊。根據一些估計，開車時傳簡訊對我們注意路況能力的損害更甚於酒精。⑩在一些社會，每年因為一面開車一面傳簡訊所造成的車禍，其奪走的人命要比很多重大疾病來得更多。⑪

一面開車一面傳簡訊的後果，例示出一心多用對注意力的負面影響，而大部分人都不會反對，一面開車一面傳簡訊會嚴重削弱對路況的注意力。但另一些常見的做法又如何？例如回電子郵件時把電視開著，或者一面工作一面聽音樂。

這是我們很多人的日常習慣。如果你也是這樣做的話，或許會傾向於認為它們不會減損你的注意力。但有研究顯示，即使這些相對溫和的背景雜音，一樣會削弱精準性和生產力。⑫⑬

無效的莫札特效應

各位也許會聽過所謂的「莫札特效應」，意指聆聽莫札特的樂曲會讓人更聰明。這是一個流行的觀念，讓有些人一邊工作一邊聽莫札特的樂曲或其他古典音樂，也促使父母把莫札特的樂曲播給他們的嬰兒或小孩聽，希望以此增進兒女的智商。但「莫札特效應」的觀念是基於對研究的一個誤解。事實上，對「莫札特效應」的研究顯示，聆聽任何會讓人喜悅、感興趣或振奮的聲音（不管是莫札特的音樂還是只是城市的交通聲）可讓人處於較高的能量水平，因此工作表現略勝於平常。⑭這效應並不僅限於莫札特樂曲，也沒有證據顯示它對智力有任何長期影響。另外，在從事需要高度專注的工作時，聆聽愉快、有趣或有刺激性的聲音看來並不會改善工作表現。通常在進行這一類工作時，默默為之才能做得最好。

那為什麼仍繼續這樣做呢？答案很簡單：我們喜歡。我們覺得聽音樂讓人愉快，而坐下來工作也許不是太愉快的事，所以就在工作時放音樂，讓工作變得較能讓人忍受。

這當然沒有什麼大不了的，只不過會讓你的工作做得比較慢和較不精準。記住這一點，就可以衡量利弊，判斷你是否真的需要背景雜音，還是手頭的工作需要你全神貫注。

超級一心多用者

看完上一節之後，各位也許會反省自己的一些行為，起意要改掉一兩個壞習慣。因為這個緣故，我幾乎不願意談接下來這個話題，因為很多習慣一心多用者在讀了之後，無疑會認定自己屬於以下談到的範疇。

二〇一〇年，在一心多用開始成為熱門研究課題不久之後，一個意料之外的現象出現了。猶他大學研究人員華生（Jason Watson）和斯特雷耶（David Strayer）發表了一篇報告，主張有些人也許對一心多用的負面效果免疫。華生和斯特雷耶稱這種人為「超級一心多用者」（supertasker）。⑮

為了找出屬於這個範疇的人，研究者要求受試者一面操作駕駛模擬器，一面根據手機來電的指示進行其他工作。其他工作包括背一系列單字。為了讓這工作更難一點，他們在聽到兩個單字的中間會聽到一道數學題目。例如，受試者也許會在聽到

「貓」和「盒子」兩個字中間聽到這個問題：一除以三減一是不是等於二？他們必須把單字記住並且回答數學題是對或錯。與此同時，在操作駕駛模擬器時，他們又必須尾隨一輛經常煞車的汽車，這逼得他們要不斷注意前車的煞車燈，每逢看見煞車燈亮起就慢下來。

大部分受試者都表現不佳。事實上，有九七％的人的注意力受到嚴重干擾。如果只是讓他們駕駛或只是根據手機的指示工作，他們都應付得來。但把兩者加在一起，他們的注意力就為之大亂。

不過有極少數的人（大約二・五％）在被要求一面操作駕駛模擬器一面做其他事的時候，並沒有表現出任何的注意力不足：他們在只是駕駛或只是回答問題或同時做這兩者時的表現是一樣的。在某些情況下，他們甚至會因為一心多用而表現得**更好**。⑯

這些「超級一心多用者」看來不甩注意力法則。比起我們一般人，他們的注意力探照燈可以照射到世界的更多部分，而他們的注意力瓶頸也寬得多。華生和斯特雷耶繼續研究這一群「超級一心多用者」，要看看是不是可以從這些人異常強大的注意力學習到什麼。

你認為自己是個「超級一心多用者」嗎？如果是，那你並非特例。很多人都自認為很擅長一心多用，也因此更容易一心多用。但研究顯示，最常一心多用的人往往把事情做得最差。很多研究都發現，常常一心多用的人在一心多用的測驗中得分較低。⑰這表示，常常一心多用的人也許只是因為非常容易分心罷了，並不是因為他們真的擅長一心多用。

每一百個人之中只有大約兩個是「超級一心多用者」。如果你好奇自己是不是這類人，可以採用斯特雷耶和同事設計的測驗來求證。該測驗可以在 supertasker.org 找到，需要花費大約四十分鐘，但是如果它能夠讓你知道自己是不是對一心多用的負面效果免疫，這個時間仍然花得非常值得。

注意力不足過動症

談到都注意力失調或任何的失調，我們很難想到過去幾十年來還有什麼要比「注意力不足過動症」（attenation-deficit/hyperactivity disorder, ADHD）引起更大的爭論。「注意力不足過動症」既有注意力不足的症狀（例如容易分心和難以集中注意力），也有過動的症狀（例如極度坐不住或動不停）。病人只要表現出這兩類症狀的其中之一就會被診斷為罹患「注意力不足過動症」。換言之，即使有注意力不足症狀而無過動症狀者，一樣會被斷為「注意力不足過動症」。

「注意力不足過動症」之所以引起爭論，部分是因為有些人相信它受到了過度診斷（overdiagnosed）。有不同的理由支持這種主張。理由之一是，罹患這種病症的人以孩童居多，而對孩童的斷症則倚賴小孩行為的二手報告（通常是父母提供的二手報告）。這當然會讓診斷沒有那麼精確和可靠。

提高注意力的自然方法

你在尋求改善注意力的自然方法嗎？打坐和運動也許是兩個好方法。研究顯示，即使只是兩星期的正念靜坐，一樣可以改善「認知控制」（cognitive control）和「注意力聚焦」（attentional focus）。⑱這是因為打坐可以提高不使心思被雜念牽引的能力。相似地，做運動（即使只是快步走路）在經過一段短時間後就可以提高認知表現。⑲如果你常常在近中午或下午精神不集中，這兩個方法也許可以幫助你改善。

不過也有人甚至主張，「注意力不足過動症」不是一種病。他們力主，「病人」的行為本身並無不正常，只是因為按照某種社會和文化標準衡量才會被認為不正常。不過這種觀點和醫學界的相左：醫學界認為「注意力不足過動症」是一種鮮明的精神系統病症。

爭論的另一個面向則是環繞著治療用藥展開。最常用來治療「注意力不足過動症」的是安非他命類興奮劑（如「阿得拉」）或甲基麻黃鹼類興奮劑（如「利他能」〔Ritalin〕）。這方面的爭論在一九九〇年代變得更加激烈，因為當時開立這些藥物給兒童服用變得更加常見。隨著被診斷出患有「注意力不足過動症」的小孩越來越多，用藥的小孩有增無已。在美國，大約每十個小孩就有一個被診斷患有「注意力不足過動症」，幾乎每二十個小孩就有一個服用治療這病症的藥物。⑳

「注意力不足過動症」大腦

大腦內究竟發生了什麼導致「注意力不足過動症」至今還不明朗。病人和正常人之間的一些腦結構差異已經被確認，但它們和這種病的症狀的關係並不清楚。對於「注意力不足過動症」成因的假設主要聚焦在腦化學，特別鎖定兩種神經傳導物質：多巴胺和去甲基腎上腺素。

這些假設源自「注意力不足過動症」還未被如此稱呼的日子。一九七〇年代早期，它被稱為「輕微腦功能異常」（minimal brain dysfunction）。會有如此奇怪的名稱，是因為這種病症在當時被認為是由輕微的腦傷導致。雖然那時候對這種病的理解極為有限，但研究人員知道安非他命之類的藥物可以改善其症狀。安非他命在腦中的機制眾所周知：它會導致突觸中多巴胺和去甲基腎上腺素增加（也會在較低程度導致血清素增加）。相似地，另一種治療「注意力不足過動症」的主要藥物（甲基麻黃鹼）其作用主要也是提高多巴胺和去甲基腎上腺素的濃度。

所以研究人員就這樣推理：既然一種可提高多巴胺和去甲基腎上腺素濃度的藥物能夠改善「注意力不足過動症」的症狀，那麼這病症有可能是因為多巴胺和去甲基腎上腺素濃度偏低引起。隨著研究人員更深入探究「注意力不足過動症」的成因，他們找到實驗上的證據支持這種觀點，開始構作一個更完整的解釋去說明這些神經傳導物質的角色。多巴胺尤其受到注目。

研究人員的想法如下：要讓注意力正確運作，中度的多巴胺不可或缺，當多巴胺濃度偏低，就會導致大腦難以把適當分量的注意力投注在對象上。這會導致有些刺激雖然不重要卻同樣受到注意，從而促進分心。而當環境內沒有足夠的刺激時，當事人也許會透過變得過動來彌補刺激的闕如。這個假設有時候被稱為「低度喚醒假設」（low arousal hypothesis）。

以一種形式或另一種形式出現的「低度喚醒假設」，在「注意力不足過動症」研究領域變得非常有影響力。不過，正如我們在第五章談憂鬱症時看到的，太過倚重單一種神經傳導物質來解釋精神性病症，也許無法涵蓋這種病症的複雜性。

「注意力不足過動症」、多巴胺和故事的其餘部分

隨著對多巴胺和「注意力不足過動症」研究的繼續深入，故事並沒有能夠維持不變。雖然有些研究發現「注意力不足過動症」和大腦某些部分的多巴胺濃度偏低有關，但其他研究卻找不到多巴胺活動的任何差異性。有些研究甚至發現，「注意力不足過動症」和多巴胺活動的增加有關。㉑

這讓多巴胺濃度是「注意力不足過動症」主要原因之說變得有一點點站不住腳。即使如此，仍然有些證據支持多巴胺在注意力一事上扮演某種角色，也有證據證明興奮劑可以改善注意力。事實上，二〇一三年的一項研究發現，那些難以集中注意力的人某些腦區多巴胺偏低，又發現如果用甲基麻黃鹼提高這些腦區的多巴胺濃度會改善注意力。㉒有意思的是，這個研究又發現，多巴胺功能在「注意力不足過動症」病人和正常人身上幾乎是一樣的。所以，雖然這個研究支持多巴胺對注意力的作用，它也隱約地指出，多巴胺（或者說多巴胺的缺乏）也許不是「注意力不足過動症」的主要原因。

這個結果同樣暗示著，雖然興奮劑也許有助於改善「注意力不足過動症」的一些症狀，但它可能無法對治此病症的根本問題。當然，只要藥物有效，這不必然構成問題。然而仍不確定「注意力不足過動症」藥物就長期來說成效如何。有些研究發現，即使這些藥物在服用後幾小時能夠增加注意力，但服用好幾年之後並不會導致學業成績或其他成就指標的提高。㉓

看來「注意力不足過動症」再次告誡我們，不要受簡單化的魅惑。試圖透過單一的神經傳導物質或單一腦區去解釋一個複雜的議題，乃是昧於神經系統的複雜性。雖然「注意力不足過動症」也許涉及多巴胺濃度的變動，但是多巴胺的不平衡看來似乎不可能解釋得了這種病症的所有個案。大腦要是這麼簡單就好了。

跋

我們對大腦的理解總是處於演化之中，而神經科學就像其他科學學科一樣，始終不停歇地自我糾正。往往，歷時數十年都靠一個範式（paradigm）瞭解大腦是如何運作，到頭來卻因為新證據的出現而發現有必要對該範式做出激烈修正。不過這種自我修正的特點不但不是短處，反而是科學方法的最大強項之一。雖然永遠無法確定我們對大腦的見解正確無誤，卻可以信心十足地斷言，我們所犯的錯誤最終必然會被後來的科學研究更正。

所以，雖然我盡了最大努力確保本書的所有資訊都是最新的，但幾乎可確定的是，它們至少有一部分會隨著時間的過去和新觀點的出現而變得落伍過時。又，即使本書的所有細節在多年後仍然有效，它們仍只代表我們今日對大腦所知的一二。過去十年來，我設法學會對神經系統的一切所知，但仍然有很多事情不是我所能完全理解——而且大有可能還有很多知識是我未能意識到其存在的。

我一直設法要表達的是，瞭解大腦是一個永無止境的過程。它總是有更多有待瞭解的部分。

儘管如此，那仍然是一趟值得從事的探險，也是最引人入勝的探險之一。所以，我鼓勵各位繼續下去。以這本書作為起點，然後拿起下一本書。看一些相關影片和紀錄片。到大學聽一門神經科學的課。你的大腦在很多方面就是你本人。還有什麼比多瞭解那個導致你人格個性的器官，能夠讓你更加瞭解自己呢？

希望我已經透過本書與各位分享了一些我覺得的大腦迷人之處。現在是時候輪到各位向這個不可思議的器官提出一些你們自己的問題。如果這就是各位努力瞭解大腦的開始，那我會羨慕你們，因為在我自己的人生中，沒有時刻比我開始踏上瞭解大腦之旅那一刻更讓我興奮。而如果各位是神經科學的長期粉絲，將會繼續探索有關大腦的知識，那我分享你們的持續驚奇和熱忱。不管是這兩種方式的哪一種，我都希望各位享受你們對神經科學知識的追尋，以及它為你們準備的所有奇異揭示。

鳴謝

一個健康大腦的任何活動（例如我寫下這些話和各位閱讀它們）都有賴一長串的腦區協同出力。只要你拿走這些腦區的任何一個，就可能會出狀況，有些情況下甚至會讓整部機器失靈。在很多方面，我寫的這本書也可以作如是觀。很多人都為此書出了一份力，有些是直接，有些是間接。少了他們其中一個，這本書也許永遠無法面世，即使可以面世，最後成果的品質也必然大打折扣。

我腦中醞釀的觀念能夠落實在書頁上，布里厄利出版社（Nicholas Brealey Publishing）團隊當然是厥功甚偉。謝謝你們：漢基（Alison Hankey）在我的手稿的早期階段便看出它們的潛力；摩根（Michelle Morgan）從頭到尾監督出版的過程；哈爾布萊布（Brett Halbleib）為我提供有用的編輯建議。也謝謝該團隊中我沒有機會認識的每個成員，是你們在幕後的努力讓本書得以出版。

我也要感謝我的經紀人科納（Linda Konner），她是第一個讓我相信自己寫的東西也許會有人想讀。

我特別感謝顧爾德（Tom Gould）抽時間閱讀我的手稿和核對其中的事實，他簡明扼要的回饋讓這本書的品質大大提高。同時我也非常感激其他讀過本書一些章節和提供批評或讚美的人，特別是安姆托（Frank Amthor）、柏奈特（Dean Burnett）、科斯坦迪（Moheb Costandi）、道林（John Dowling）和芬格（Stanley Finger）。我至今仍然對那些願意抽時間讀我的手稿並加以評論的人的慷慨感到驚異——我給他們的回報頂多是一頓午餐或一本贈書。

極端感謝家父家母對我毫不動搖的耐性和信任（哪怕是在看似沒有理由這樣做的時候）。你們的信賴最終幫助我相信自己，而這是讓我有信心從事這個計畫所必須。沒有了你們，這本書永不可能問世。

無比幸運的是，在寫這本書的整個過程中，我太太米雪（Michelle）都陪在我身邊。她從一開始就非常支持我，哪怕那時候整個計畫還八字沒有一撇。謝謝妳容忍我早睡（以便每天破曉前便可以起床寫作），以及容忍我很多其他怪癖。還要謝謝妳為我做的很多（無法盡述）事情。知道妳總是在我左右，讓我做起每件事來都變得容易了一點。

謝謝基（Ky）和菲亞（Fia），感謝你們的微笑和大笑，也感謝你們幫助我瞭解什麼對我的人生才是真正重要。我每天努力工作，以求讓你們在喊我「爹地」時感到自豪——希望這本書是其中之一。

最後，我要感謝自我成為賓夕法尼亞州立大學教職員之後所教過的三千五百多位大學生。我學習神經科學的最大動力來自於想要把更多的知識教給你們，來自於看見你們眼中閃耀著好奇光芒（我剛開始研究大腦時眼中也閃耀著同樣光芒）。

參考文獻

導論

1 K. Goldstein, "Zur Lehre von der Motorischen Apraxie," *Journal fur Psychologie* und Neurologie 11, no. 4/5 (1908): 270-283.

第 1 章

1 R. Adolphs, D. Tranel, H. Damasio, and A. Damasio, "Impaired Recognition of Emotion in Facial Expressions Following Bilateral Damage to the Human Amygdala," *Nature* 372, no. 6507 (December 1994): 669-672.

2 J. S. Feinstein, R. Adolphs, A. Damasio, and D. Tranel, "The Human Amygdala and the Induction and Experience of Fear," *Current Biology* 21, no. 1 (January 2011): 34-38.

3 Ibid.

4 C. M. Schumann and D. G. Amaral, "Stereological Estimation of the Number of Neurons in the Human Amygdaloid Complex," *Journal of Comparative Neurology* 491, no. 4 (October 2005): 320-329.

5 D. J. Lanska, "The Klüver-Bucy Syndrome," *Frontiers of Neurology and Neuroscience* 41 (2018): 77-89.

6 H. Klüver, P. Bucy, "An Analysis of Certain Effects of Bilateral Temporal Lobectomy in the Rhesus Monkey, with Special Reference to 'Psychic Blindness,' " *The Journal of Psychology* 5, no. 1 (January 1938): 33-54.

7 Although the experiments of Klüver and Bucy are well-known, they weren't the first experiments to see similar changes in behavior after temporal lobe lesioning. Brown and Schäfer preceded Klüver and Bucy by about 50 years. See S. Brown and E. Schäfer, "An Investigation into the Functions of the Occipital and Temporal Lobes of the Monkey's Brain," *Philosophical Transactions of the Royal Society B* 179 (1888): 303–327.

8 L. Weiskrantz, "Behavioral Changes Associated with Ablation of the Amygdaloid Complex in Monkeys," *Journal of Comparative and Physiological Psychology* 49, no. 4 (August 1956): 381-391.

9 J. E. LeDoux, P. Cicchetti, A. Xagoraris, and L. M. Romanski, "The Lateral Amygdaloid Nucleus: Sensory Interface of the Amygdala in Fear Conditioning," *Journal of Neuroscience* 10, no. 4 (April 1990): 1062-1069.

10 G .J. Quirk, C. Repa, and J. E. LeDoux, "Fear Conditioning Enhances Short-Latency Auditory Responses of Lateral Amygdala Neurons: Parallel Recordings in the Freely Behaving Rat," *Neuron* 15, no. 5 (November 1995): 1029-1039.

11 K. S. LaBar, J. C. Gatenby, J. C. Gore, J. E. LeDoux, and E. A. Phelps, "Human Amygdala Activation during Conditioned Fear Acquisition and Extinction: A Mixed-Trial fMRI Study," *Neuron* 20, no. 5 (May 1998): 937-945.

12 D. Mobbs, R. Yu, J. B. Rowe, H. Eich, O. Feldman Hall, and T. Dalgleish, "Neural Activity Associated with Monitoring the Oscillating Threat Value of a Tarantula," *Proceedings of the National Academy of Sciences of the United States of America* 107, no. 47 (November 2010): 20582-20586.

13 P. J. Whalen, S. L. Rauch, N. L. Etcoff, S. C. McInerney, M. B. Lee, and M. A. Jenike, "Masked Presentations of Emotional Facial Expressions Modulate Amygdala Activity without Explicit Knowledge," *Journal of Neuroscience* 18, no. 1 (January 1998): 411-418.

14 *Boston Legal,* "Attack of the Xenophobes." Directed by J. Terlesky. Written by D.E. Kelly and C. Turk. 20th Century Fox Television, Nov. 13, 2007.

15 *Avengers: Age of Ultron.* Film. Directed by J. Whedon. Burbank, California: Buena Vista Entertainment, 2015.

16 M. Gallagher, P. W. Graham, and P. C. Holland, "The Amygdala Central Nucleus and Appetitive Pavlovian Conditioning: Lesions Impair One Class of Conditioned Behavior," *Journal of Neuroscience* 10, no. 6 (June 1990): 1906-1911.

17 J. S. Feinstein, C. Buzza, R. Hurlemann, R. L. Follmer, N. S. Dahdaleh, W. H. Coryell, M. J. Welsh, D. Tranel, and J. A. Wemmie, "Fear and Panic in Humans with Bilateral Amygdala Damage," *Nature Neuroscience* 16, no. 3 (March 2013): 270-272.

18 B. Becker, Y. Mihov, D. Scheele, K. M. Kendrick, J. S. Feinstein, A. Matusch, M. Aydin, et al., "Fear Processing and Social Networking in the Absence of a Functional Amygdala," *Biological Psychiatry* 72, no. 1 (July 2012): 70-77.

19 S. A. Freedman, H. G. Hoffman, A. Garcia-Palacios, P. L. Tamar Weiss, S. Avitzour, and N. Josman, "Prolonged Exposure and Virtual Reality-Enhanced Imaginal

Exposure for PTSD Following a Terrorist Bulldozer Attack: A Case Study," *Cyberpsychology, Behavior, and Social Networking* 13, no. 1 (February 2010): 95-101.

20 I. Liberzon, S. F. Taylor, R. Amdur, T. D. Jung, K. R. Chamberlain, S. Minoshima, R. A. Koeppe, and L. M. Fig, "Brain Activation in PTSD in Response to Trauma-Related Stimuli," *Biological Psychiatry* 45, no. 7 (April 1999): 817-826.

21 L. M. Shin, C. I. Wright, P. A. Cannistraro, M. M. Wedig, K. McMullin, B. Martis, M. L. Macklin, et al., "A Functional Magnetic Resonance Imaging Study of Amygdala and Medial Prefrontal Cortex Responses to Overtly Presented Fearful Faces in Posttraumatic Stress Disorder," *Archives of General Psychiatry* 62, no. 3 (March 2005): 273-281.

第 2 章

1 E. S. Parker, L. Cahill, and J. L. McGaugh, "A Case of Unusual Autobiographical Remembering," *Neurocase* 12, no. 1 (February 2006): 35-49.

2 Ibid.

3 Ibid.

4 Ibid.

5 S. Dice, "Aplysia californica," University of Michigan Museum of Zoology, last modified 2014, https://animaldiversity.org/accounts/Aplysia_californica/.

6 D. Wearing, *Forever Today: A Memoir of Love and Amnesia* (London: Doubleday, 2005).

7 M. A. Wilson and B.L. McNaughton, "Reactivation of Hippocampal Ensemble Memories during Sleep," *Science* 265, no. 5172 (July 1994): 676-679.

8 Centers for Disease Control and Prevention, "Life Expectancy at Birth, by Race and Sex, Selected Years 1929-98," *National Vital Statistics Reports* 50, no. 6 (August 2017): 1-64.

9 Alzheimer's Association, "2018 Alzheimer's Disease Facts and Figures," *Alzheimer's & Dementia* 14, no. 3 (2018): 367-429.

10 G. Chêne, A. Beiser, R. Au, S. R. Preis, P. A. Wolf, C. Dufouil, and S. Seshadri, "Gender and Incidence of Dementia in the Framingham Heart Study from Mid-Adult Life," *Alzheimer's & Dementia* 11, no. 3 (March 2015): 310-320.

11 D. J. Simons, W. R. Boot, N. Charness, S. E. Gathercole, C. F. Chabris, D. Z. Hambrick, and E. A. Stine-Morrow, "Do 'Brain-Training' Programs Work?"

Psychological Science in the Public Interest 17, no. 3 (October 2016): 103-186.
12 H. Forstl and A. Kurz, "Clinical Features of Alzheimer's Disease," *European Archives of Psychiatry and Clinical Neuroscience* 249, no. 6 (December 1999): 288–290.
13 P. Giannakopoulos, F. R. Herrmann, T. Bussiere, C. Bouras, E. Kovari, D. P. Perl, J. H. Morrison, G. Gold, P. R. Hof, "Tangle and Neuron Numbers, but Not Amyloid Load, Predict Cognitive Status in Alzheimer's Disease," *Neurology* 60, no. 9 (May 2003): 1495-500.

第 3 章

1 E. Lugaresi, R. Medori, P. Montagna, A. Baruzzi, P. Cortelli, A. Lugaresi, P. Tinuper, M. Zucconi, and P. Gambetti, "Fatal Familial Insomnia and Dysautonomia with Selective Degeneration of Thalamic Nuclei," *New England Journal of Medicine* 315, no. 16 (October 1986): 997-1003.
2 L. Cracco, B. S. Appleby, and P. Gambetti, "Fatal Familial Insomnia and Sporadic Fatal Insomnia," *Handbook of Clinical Neurology* 153 (2018): 271-299.
3 L. Xie, H. Kang, Q. Xu, M. J. Chen, Y. Liao, M. Thiyagarajan, J. O'Donnell, et al., "Sleep Drives Metabolite Clearance from the Adult Brain," *Science* 342, no. 6156 (October 2013): 373-377.
4 R. Ginzberg, "Three Years with Hans Berger: A Contribution to His Biography," *Journal of the History of Medicine and Allied Sciences* 4, no. 1 (1949): 361-371.
5 D. Millett, "Hans Berger: From Psychic Energy to the EEG," *Perspectives in Biology and Medicine* 44, no. 4 (Fall 2001): 522-542.
6 L. Leclair-Visonneau, D. Oudiette, B. Gaymard, S. Leu-Semenescu, and I. Arnulf, "Do the Eyes Scan Dream Images during Rapid Eye Movement Sleep? Evidence from the Rapid Eye Movement Sleep Behaviour Disorder Model," *Brain* 133, no. 6 (June 2010): 1737-1746.
7 C. D. Clemente and M. B. Sterman, "Limbic and Other Forebrain Mechanisms in Sleep Induction and Behavioral Inhibition," *Progress in Brain Research* 27 (1967): 34-47.
8 M. J. McGinty and M. B. Sterman, "Sleep Suppression After Basal Forebrain Lesions In the Cat," *Science* 160, no. 3833 (June 1968): 1253-1255.
9 G. Moruzzi, H. W. Magoun, "Brain Stem Reticular Formation and Activation of the EEG," *The Journal of Neuropsychiatry and Clinical Neurosciences* 7, no. 2 (Spring

1995): 251-267.

10 H. H. Webster and B. E. Jones, "Neurotoxic Lesions of the Dorsolateral Pontomesencephalic Tegmentum-Cholinergic Cell Area in the Cat. II. Effects upon Sleep-Waking States," *Brain Research* 458, no. 2 (August 1988): 285-302.

11 M. Thakkar, C. Portas, and R. W. McCarley, "Chronic Low-Amplitude Electrical Stimulation of the Laterodorsal Tegmental Nucleus of Freely Moving Cats Increases REM Sleep," *Brain Research* 723, no. 1-2 (June 1996): 223-227.

12 L. Lin, J. Faraco, R. Li, H. Kadotani, W. Rogers, X. Lin, X. Qiu, P. J. de Jong, S. Nishino, and E. Mignot, "The Sleep Disorder Canine Narcolepsy Is Caused by a Mutation in the Hypocretin (Orexin) Receptor 2 Gene," *Cell* 98, no. 3 (August 1999): 365-376.

13 T. C. Thannickal, R. Y. Moore, R. Nienhuis, L. Ramanathan, S. Gulyani, M. Aldrich, M. Cornford, J. M. Siegel, "Reduced Number of Hypocretin Neurons in Human Narcolepsy," *Neuron* 27, no. 3 (September 2000): 469-74.

14 A. M. Chang, D. Aeschbach, J. F. Duffy, and C. A. Czeisler, "Evening Use of Light-Emitting Ereaders Negatively Affects Sleep, Circadian Timing, and Next-Morning Alertness," *Proceedings of the National Academy of Sciences of the United States of America* 112, no. 4 (January 2015): 1232-1237.

15 F. K. Stephan and I. Zucker, "Circadian Rhythms in Drinking Behavior and Locomotor Activity of Rats are Eliminated by Hypothalamic Lesions," *Proceedings of the National Academy of Sciences of the United States of America* 69, no. 6 (June 1972): 1583-1586.

16 D. C. Mitchell, C. A. Knight, J. Hockenberry, R. Teplansky, and T. J. Hartman, "Beverage Caffeine Intakes in the U. S.," *Food and Chemical Toxicology* 63 (January 2014): 136-142.

17 E. S. Ford, T. J. Cunningham, W. H. Giles, and J. B. Croft, "Trends in Insomnia and Excessive Daytime Sleepiness among U. S. Adults from 2002 to 2012," *Sleep Medicine* 16, no. 3 (March 2015): 372-378.

18 A. Aldridge, J. Bailey, and A. H. Neims, "The Disposition of Caffeine during and after Pregnancy," *Seminars in Perinatology* 5, no. 4 (October 1981): 310-314.

19 C. Drake, T. Roehrs, J. Shambroom, and T. Roth, "Caffeine Effects on Sleep Taken 0, 3, or 6 Hours before Going to Bed," *Journal of Clinical Sleep Medicine* 9, no. 11 (November 2013): 1195-1200.

20 E. Ferracioli-Oda, A. Qawasmi, and M. H. Bloch, "Meta-Analysis: Melatonin for the Treatment of Primary Sleep Disorders," *PLoS One* 8, no. 5 (May 2013): e63773.

21 H. P. Landolt, E. Werth, A. A. Borbély, and D. J. Dijk, "Caffeine Intake (200 Mg) in the Morning Affects Human Sleep and EEG Power Spectra at Night," *Brain Research* 675, no. 1-2 (March 1995): 67-74.

第 4 章

1 M. Takeda, H. Tachibana, N. Shibuya, Y. Nakajima, B. Okuda, M. Sugita, and H. Tanaka, "Pure Anomic Aphasia Caused by a Subcortical Hemorrhage in the Left Temporo-Parieto-Occipital Lobe," *Internal Medicine Journal* 38, no. 3 (March 1999): 293-295.

2 J. S. Johnson and E. L. Newport, "Critical Period Effects in Second Language Learning: The Influence of Maturational State on the Acquisition of English as a Second Language," *Cognitive Psychology* 21, no. 1 (January 1989): 60-99.

3 J. K. Hartshorne, J. B. Tenenbaum, and S. Pinker, "A Critical Period for Second Language Acquisition: Evidence from 2/3 Million English Speakers," *Cognition* 177 (August 2018): 263-277.

4 M. Brysbaert, M. Stevens, P. Mandera, and E. Keuleers, "How Many Words Do We Know? Practical Estimates of Vocabulary Size Dependent on Word Definition, the Degree of Language Input and the Participant's Age," *Frontiers in Psychology* 7 (July 2016): 1116.

5 P. Broca, "Remarks on the Seat of the Faculty of Articulated Language, Following an Observation of Aphemia (Loss of Speech)" trans. C. D. Green, *Bulletin de la Société Anatomique* 6 (1861): 330-357.

6 K. Amunts, A. Schleicher, U. Bürgel, H. Mohlberg, H. B. Uylings, and K. Zilles, "Broca's Region Revisited: Cytoarchitecture and Intersubject Variability," *Journal of Comparative Neurology* 412, no. 2 (1999): 319-341.

7 M. S. Gazzaniga and R. W. Sperry, "Language after Section of the Cerebral Commissures," *Brain* 90, no. 1 (March 1967): 131-148.

8 T. Rasmussen and B. Milner, "Clinical and Surgical Studies of the Cerebral Speech Areas in Man," in *Cerebral localization*, eds. K. J. Zulch, O. Creutzfeld, and G. C. Galbraith (New York: Springer-Verlag, 1975), 238–257.

9 A. K. Lindell, "In Your Right Mind: Right Hemisphere Contributions to Language Processing and Production," *Neuropsychol Review* 16, no. 3 (September 2006): 131-148.

10 N. Geschwind, "The Organization of Language and the Brain," *Science* 170, no. 3961 (November 1970): 940-944.

11 P. Tremblay and A. S. Dick, "Broca and Wernicke are Dead, or Moving Past the Classic Model of Language Neurobiology," *Brain and Language* 162 (November 2016): 60-71.

12 A. Cooke, E. B. Zurif, C. DeVita, D. Alsop, P. Koenig, J. Detre, J. Gee, M. Pinãngo, J. Balogh, and M. Grossman, "Neural Basis for Sentence Comprehension: Grammatical and Short-Term Memory Components," *Human Brain Mapping* 15, no. 2 (February 2002): 80-94.

13 N. Nishitani, M. Schürmann, K. Amunts, and R. Hari, "Broca's Region: From Action to Language," *Physiology (Bethesda)* 20 (February 2005): 60-69.

14 J. R. Binder, "The Wernicke Area: Modern Evidence and a Reinterpretation," *Neurology* 85, no. 24 (December 2015): 2170-2175.

15 Tremblay and Dick, "Broca and Wernicke are Dead," 60-71.

16 V. Fromkin, S. Krashen, S. Curtiss, D. Rigler, and M. Rigler, "The Development of Language in Genie: A Case of Language Acquisition Beyond the 'Critical Period.' " *Brain and Language* 1 (1974): 81-107.

17 M. Dapretto and E. L. Bjork, "The Development of Word Retrieval Abilities in the Second Year and Its Relation to Early Vocabulary Growth," *Child Development* 71, no. 3 (May-June 2000): 635-648.

18 J. S. Johnson and E. L. Newport, "Critical Period Effects in Second Language Learning: The Influence of Maturational State on the Acquisition of English as a Second Language," *Cognitive Psychology* 21, no. 1 (January 1989): 60-99.

19 Ibid.

20 O. Adesope, T. Lavin, T. Thompson, and C. Ungerleider, "A Systematic Review and Meta-Analysis of the Cognitive Correlates of Bilingualism," *Review of Educational Research* 80, no. 2 (2010): 207-245.

21 E. Bialystok, F. L. Craik, and M. Freedman, "Bilingualism as a Protection against the Onset of Symptoms of Dementia," *Neuropsychologia* 45 (2007): 459–464.

22 P. K. Kuhl, F. M. Tsao, and H. M. Liu, "Foreign-Language Experience in Infancy: Effects of Short-Term Exposure and Social Interaction on Phonetic Learning," *Proceedings of the National Academy of Sciences of the United States of America* 100, no. 15 (July 2003): 9096-9101.

第 5 章

1 A. Dolan, "Always Smiling, the Stroke Patient Who Can't Feel Sad," *The Daily Mail*, August 12, 2013, Health, http://www.dailymail.co.uk/health/article-2389891/Always-smiling-stroke-patient-feel-sad-Condition-leaves-Grandfather-permanently-happy-prone-fits-giggles-inappropriate-times.html.

2 D. J. Felleman and D. C. Van Essen, "Distributed Hierarchical Processing in the Primate Cerebral Cortex," *Cerebral Cortex* 1, no. 1 (1991): 1-47.

3 P. Broca, "Comparative Anatomy of the Cerebral Convolutions: The Great Limbic Lobe and the Limbic Fissure in the Mammalian Series," *Journal of Comparative Neurology* 523, no. 17 (December 2015): 2501-2554.

4 J. W. Papez, "A Proposed Mechanism of Emotion," *Archives of Neurology and Psychiatry* 38 (1937): 725–743.

5 P. D. MacLean, "Some Psychiatric Implications of Physiological Studies on Frontotemporal Portion of Limbic System (Visceral Brain)," *Electroencephalography and Clinical Neurophysiology* 4, no. 4 (November 1952): 407-418.

6 M. S. George, T. A. Ketter, P. I. Parekh, B. Horwitz, P. Herscovitch, and R. M. Post, "Brain Activity during Transient Sadness and Happiness in Healthy Women," *American Journal of Psychiatry* 152, no. 3 (March 1995): 341-351.

7 H. S. Mayberg, M. Liotti, S. K. Brannan, S. McGinnis, R. K. Mahurin, P. A. Jerabek, J. A. Silva, et al., "Reciprocal Limbic-Cortical Function and Negative Mood: Converging PET Findings in Depression and Normal Sadness," *American Journal of Psychiatry* 156, no. 5 (May 1999): 675-682.

8 P. E. Greenberg, R.C. Kessler, H. G. Birnbaum, S. A. Leong, S. W. Lowe, P. A. Berglund, and P. K. Corey-Lisle, "The Economic Burden of Depression in the United States: How Did It Change between 1990 and 2000?" *Journal of Clinical Psychiatry* 64, no. 12 (December 2003): 1465-1475.

9 B. Voinov, W. D. Richie, and R. K. Bailey, "Depression and Chronic Diseases: It Is Time for a Synergistic Mental Health and Primary Care Approach," *The Primary Care Companion for CNS Disorders* 15, no. 2 (2013): PCC.12r01468.

10 A. Mykletun, O. Bjerkeset, S. Overland, M. Prince, M. Dewey, and R. Stewart, "Levels of Anxiety and Depression as Predictors of Mortality: The HUNT Study," *British Journal of Psychiatry* 195, no. 2 (August 2009): 118-125.

11 E. A. Osuch, T. A. Ketter, T. A. Kimbrell, M. S. George, B. E. Benson, M. W. Willis, P. Herscovitch, and R. M. Post, "Regional Cerebral Metabolism Associated with

Anxiety Symptoms in Affective Disorder Patients," *Biological Psychiatry* 48, no. 10 (November 2000): 1020-1023.

12 Mayberg et al., "Reciprocal Limbic-Cortical Function and Negative Mood," 675-682.

13 T. Hajek, J. Kozeny, M. Kopecek, M. Alda, and C. Hoschl, "Reduced Subgenual Cingulate Volumes in Mood Disorders: A Meta-Analysis," *Journal of Psychiatry & Neuroscience* 33, no. 2 (March 2008): 91-99.

14 D. L. Dunner, A. J. Rush, J. M. Russell, M. Burke, S. Woodard, P. Wingard, and J. Allen, "Prospective, Long-Term, Multicenter Study of the Naturalistic Outcomes of Patients with Treatment-Resistant Depression," *Journal of Clinical Psychiatry* 67 (2006): 688-695.

15 M. T. Berlim, A. McGirr, F. Van den Eynde, M. P. Fleck, and P. Giacobbe, "Effectiveness and Acceptability of Deep Brain Stimulation (DBS) of the Subgenual Cingulate Cortex for Treatment-Resistant Depression: A Systematic Review and Exploratory Meta-Analysis," *Journal of Affective Disorders* 159 (April 2014): 31-38.

16 K. S. Choi, P. Riva-Posse, R. E. Gross, and H. S. Mayberg, "Mapping the 'Depression Switch' during Intraoperative Testing of Subcallosal Cingulate Deep Brain Stimulation," *JAMA Neurology* 72, no. 11 (November 2015): 1252-1260.

17 Ibid.

18 B. H. Bewernick, S. Kayser, V. Sturm, and T. E. Schlaepfer, "Long-Term Effects of Nucleus Accumbens Deep Brain Stimulation in Treatment-Resistant Depression: Evidence for Sustained Efficacy," *Neuropsychopharmacology* 37, no. 9 (August 2012): 1975-1985.

19 J. L. Price and W. C. Drevets, "Neural Circuits Underlying the Pathophysiology of Mood Disorders," *Trends in Cognitive Sciences* 16, no. 1 (January 2012): 61-71.

20 G. M. Cooney, K. Dwan, C. A. Greig, D. A. Lawlor, J. Rimer, F. R. Waugh, M. McMurdo, and G. E. Mead, "Exercise for Depression," *The Cochrane Database of Systematic Reviews* 12, no. 9 (September 2013): CD004366.

21 Quoted in: F. Lopez-Munoz and C. Alamo, "Monoaminergic Neurotransmission: The History of the Discovery of Antidepressants from 1950s Until Today," *Current Pharmaceutical Design* 15 (2009): 1563-1586.

22 E. Shorter, *A History of Psychiatry: From the Era of the Asylum to the Age of Prozac* (New York: John Wiley & Sons, Inc., 1997).

23 National Center for Health Statistics, "Health, United States, 2010: With Special Feature on Death and Dying," *2011 Feb. Report*, 2011.

24 P. D. Kramer, *Listening to Prozac: A Psychiatrist Explores Antidepressant Drugs and the Remaking of the Self* (New York: Penguin Books, 1993).

25 R. Invernizzi, C. Velasco, M. Bramante, A. Longo, and R. Samanin, "Effect of 5-HT1A Receptor Antagonists on Citalopram-Induced Increase in Extracellular Serotonin in the Frontal Cortex, Striatum and Dorsal Hippocampus," *Neuropharmacology* 36, no. 4-5 (1997): 467-473.

26 G. R. Heninger, P. L. Delgado, and D. S. Charney, "The Revised Monoamine Theory of Depression: A Modulatory Role for Monoamines, Based on New Findings from Monoamine Depletion Experiments in Humans,"*Pharmacopsychiatry* 29, no. 1 (1996): 2-11.

27 I. Kirsch, B. J. Deacon, T. B. Huedo-Medina, A. Scoboria, T. J. Moore, and B. T. Johnson, "Initial Severity and Antidepressant Benefits: A Meta-Analysis of Data Submitted to the Food and Drug Administration," *PLoS Medicine* 5, no. 2 (2008): e4. It's important to note that this is a controversial area, and the research of Kirsch et al. has faced its fair share of criticism. Since the publication of the 2008 study by Kirsch et al., evidence has emerged that has both supported and contradicted their findings. Even the studies that have found antidepressants to be effective, however, typically have detected only modest effects.

28 X. Wang, L. Zhang, Y. Lei, X. Liu, X. Zhou, Y. Liu, M. Wang, et al., "Meta-Analysis of Infectious Agents and Depression," *Scientific Reports* 4 (2014): 4530.

29 M. Lucas, F. Mirzaei, A. Pan, O. I. Okereke, W. C. Willett, E. J. O'Reilly, K. Koenen, and A. Ascherio, "Coffee, Caffeine, and Risk of Depression among Women," *Archives of Internal Medicine* 171, no. 17 (September 2011): 1571-1578.

30 H. Hedegaard, S. C. Curtin, and M. Warner, "Suicide Mortality in the United States, 1999-2017," *NCHS Data Brief* 330 (November 2018): 1-7.

第 6 章

1 J. Cole, *Pride and a Daily Marathon* (Massachusetts: The MIT Press, 1991).

2 G. Fritsch and E. Hitzig, "Electric Excitability of the Cerebrum (Uber die elektrische Erregbarkeit des Grosshirns)," *Epilepsy & Behavior* 15, no. 2 (June 2009): 123-30.

3 M. Omrani, M. T. Kaufman, N. G. Hatsopoulos, and P. D. Cheney, "Perspectives on Classical Controversies about the Motor Cortex," *Journal of Neurophysiology* 118, no. 3 (September 2017): 1828-1848.

4 F. A. Azevedo, L. R. Carvalho, L. T. Grinberg, J. M. Farfel, R. E. Ferretti, R. E. Leite, W. Jacob Filho, R. Lent, and S. Herculano-Houzel, "Equal Numbers of Neuronal and Nonneuronal Cells Make the Human Brain an Isometrically Scaled-Up Primate Brain," *Journal of Comparative Neurology* 513, no. 5 (April 2009): 532-541.

5 H. C. Cheng, C. M. Ulane, and R. E. Burke, "Clinical Progression in Parkinson Disease and the Neurobiology of Axons," *Annals of Neurology* 67, no. 6 (June 2010): 715-725.

6 C. A. Davie, "A Review of Parkinson's Disease," *British Medical Bulletin* 86 (2008): 109-127.

7 J. Costa, N. Lunet, C. Santos, J. Santos, and A. Vaz-Carneiro, "Caffeine Exposure and the Risk of Parkinson's Disease: A Systematic Review and Meta-Analysis of Observational Studies," *Journal of Alzheimers Disease* 20, Suppl. 1 (2010): S221-S238.

8 M. A. Hernán, B. Takkouche, F. Caamaño-Isorna, and J. J. Gestal-Otero, "A Meta-Analysis of Coffee Drinking, Cigarette Smoking, and the Risk of Parkinson's Disease," *Annals of Neurology* 52, no. 3 (September 2002): 276-284.

9 Y. Misu and Y. Goshima, "Is L-dopa an Endogenous Neurotransmitter?" *Trends in Pharmacological Sciences* 14, no. 4 (April 1993): 119-123.

10 T. A. Newcomer, P. A. Rosenberg, and E. Aizenman, "Iron-Mediated Oxidation of 3,4-Dihydroxyphenylalanine to an Excitotoxin," *Journal of Neurochemistry* 64, no. 4 (1995): 1742-1748.

11 G. Porras, P. De Deurwaerdere, Q. Li, M. Marti, R. Morgenstern, R. Sohr, E. Bezard, M. Morari, W. G. Meissnera, "L-Dopa-Induced Dyskinesia: Beyond an Excessive Dopamine Tone In the Striatum," *Scientific Reports* 4 (2014): 3730.

第 7 章

1 A. L. Diaz, "Do I Know You? A Case Study Of Prosopagnosia (Face Blindness)," *The Journal of School Nursing* 24, no. 5 (October 2008): 284-289.

2 I. Kennerknecht, T. Grueter, B. Welling, S. Wentzek, J. Horst, S. Edwards, and M. Grueter, "First Report of Prevalence of Non-Syndromic Hereditary Prosopagnosia (HPA)," *American Journal of Medical Genetics Part A* 140, no. 15 (August 2006): 1617-1622.

3 J. J. S. Barton and S. L. Corrow, "The Problem of Being Bad at Faces,"

Neuropsychologia 89 (August 2016): 119-124.

4 M. Tomasello, B. Hare, H. Lehmann, and J. Call, "Reliance on Head Versus Eyes in the Gaze Following of Great Apes and Human Infants: The Cooperative Eye Hypothesis," *Journal of Human Evolution* 52, no. 3 (March 2007): 314-320.

5 K. Koch, J. McLean, R. Segev, M. A. Freed, M. J. Berry, II, V. Balasubramanian, and P. Sterling, "How Much the Eye Tells the Brain," *Current Biology* 16, no. 14 (July 2006): 1428-1434.

6 "Facts about Color Blindness," National Eye Institute, last modified February 2015, https://nei.nih.gov/health/color_blindness/facts_about.

7 M. Siniscalchi, S. d'Ingeo, S. Fornelli, and A. Quaranta, "Are Dogs Red-Green Colour Blind?" *Royal Society Open Science* 4, no. 11 (November 2017): 170869.

8 W. C. Gibson, "Pioneers in Localization of Function in the Brain," *Journal of the American Medical Association* 180 (June 1962): 944-951.

9 S. Finger, *Origins of Neuroscience* (New York: Oxford University Press, 1994).

10 J. Zihl, D. von Cramon, and N. Mai, "Selective Disturbance of Movement Vision after Bilateral Brain Damage," *Brain* 106, pt. 2 (June 1983): 313-40.

11 J. Zihl and C. A. Heywood, "The Contribution of LM to the Neuroscience of Movement Vision," *Frontiers in Integrative Neuroscience* 9 (February 2015): 6.

12 I. Gauthier, P. Skudlarski, J. C. Gore, and A. W. Anderson, "Expertise for Cars and Birds Recruits Brain Areas Involved in Face Recognition," *Nature Neuroscience* 3, no. 2 (February 2000): 191-197.

13 E. M. Caves, N. C. Brandley, and S. Johnsen, "Visual Acuity and the Evolution of Signals," *Trends in Ecology & Evolution* 33, no. 5 (May 2018): 358-372.

14 B. W. Rovner and R. J. Casten, "Activity Loss and Depression in Age-Related Macular Degeneration," *American Journal of Geriatric Psychiatry* 10, no. 3 (May-June 2002): 305-310.

15 A. Moos and J. Trouvain, "Comprehension of Ultra-Fast Speech – Blind Vs. 'Normally Hearing' Persons," *Proceedings of the 16th International Congress of Phonetic Sciences* (August 2007): 677-680.

16 A. Gordon, *Echoes of an Angel: The Miraculous True Story of a Boy Who Lost His Eyes but Could Still See*, (Illinois: Tyndale Momentum, 2014).

17 J. J. Chen, H. F. Chang, Y. C. Hsu, and D. L. Chen, "Anton-Babinski Syndrome in an Old Patient: A Case Report and Literature Review," *Psychogeriatrics* 15, no. 1 (March 2015): 58-61.

18 N. Kim, D. Anbarasan, and J. Howard, "Anton Syndrome as a Result of MS

Exacerbation," *Neurology Clinical Practice* 7, no. 2 (April 2017): e19-e22.

第 8 章

1 B. P. Kolla, M. P. Mansukhani, R. Barraza, and J. M. Bostwick, "Impact of Dopamine Agonists on Compulsive Behaviors: A Case Series of Pramipexole-Induced Pathological Gambling," *Psychosomatics* 51, no. 3 (May-June 2010): 271-273.

2 J. Olds, "Pleasure Centers in the Brain," *Scientific American* 195, no. 4 (October 1956): 105-117.

3 H. De Wit and R. A. Wise, "Blockade of Cocaine Reinforcement In Rats with the Dopamine Receptor Blocker Pimozide, but Not with the Noradrenergic Blockers Phentolamine or Phenoxybenzamine," *Canadian Journal of Psychology* 31, no. 4 (December 1977): 195-203.

4 G. Di Chiara and A. Imperato, "Drugs Abused by Humans Preferentially Increase Synaptic Dopamine Concentrations in the Mesolimbic System of Freely Moving Rats," *Proceedings of the National Academy of Sciences of the United States of America* 85, no. 14 (July 1988): 5274-5278.

5 R. A. Wise, "The Dopamine Synapse and the Notion of 'Pleasure Centers' in the Brain," *Trends in Neurosciences* 3, no. 4 (1980): 91-95.

6 J. M. Nash, "Addicted: Why Do People Get Hooked?" *Time* 149, no. 18 (May 1997).

7 In rats, taste preference can be assessed by closely watching their facial expressions. If they taste something they dislike (e.g., a very bitter solution), they often leave their mouth hanging open and shake their head back and forth repeatedly. If they taste something they like, they stick their tongue out repeatedly—as if they are licking their lips. Interestingly, human infants display the same reactions to good and bad tastes. For example, see: K. C. Berridge and T. E. Robinson, "What Is the Role of Dopamine in Reward: Hedonic Impact, Reward Learning, or Incentive Salience?" *Brain Research Reviews* 28, no. 3 (December 1998): 309-369.

8 L. H. Brauer, and H. De Wit, "High Dose Pimozide Does Not Block Amphetamine-Induced Euphoria in Normal Volunteers," *Pharmacology, Biochemistry, and Behavior* 56, no. 2 (February 1997): 265-72.

9 M. Pignatelli and A. Bonci, "Role of Dopamine Neurons in Reward and Aversion: A Synaptic Plasticity Perspective," *Neuron* 86, no. 5 (June 2015): 1145-1157.

10 J. E. Painter and J. North, "Effects of Visibility and Convenience on Snack Food Consumption," *Journal of the American Dietetic Association* 103, supplement 9 (September 2003): 166-167.

11 D. J. Nutt, A. Lingford-Hughes, D. Erritzoe, and P. R. Stokes, "The Dopamine Theory of Addiction: 40 Years of Highs and Lows," *Nature Reviews Neuroscience* 16, no. 5 (May 2015): 305-12.

12 K. G. Berridge and M. L. Kringelbach, "Pleasure Systems in the Brain," *Neuron* 86, no. 3 (May 2015): 646-664.

13 Ibid.

14 D. C. Castro and K. C. Berridge, "Opioid Hedonic Hotspot in Nucleus Accumbens Shell: Mu, Delta, and Kappa Maps for Enhancement of Sweetness 'Liking' and 'Wanting,' " *Journal of Neuroscience* 34, no. 12 (March 2014): 4239-4250.

15 "Nationwide Trends," National Institute on Drug Abuse, last modified June 2015, https://www.drugabuse.gov/publications/drugfacts/nationwide-trends.

16 S. Sussman, N. Lisha, M. Griffiths, "Prevalence of the Addictions: A Problem of the Majority or the Minority?" *Evaluation & the Health Professions* 34, no. 1 (March 2011): 3-56.

17 Substance Abuse and Mental Health Services Administration, *Key Substance Use and Mental Health Indicators in the United States: Results from the 2016 National Survey on Drug Use and Health* (Maryland: Center for Behavioral Health Statistics and Quality, 2017).

18 Sussman et al., "Prevalence of the Addictions," 3-56.

19 "Overdose Death Rates," National Institute on Drug Abuse, last modified January 2019, https://www.drugabuse.gov/related-topics/trends-statistics/overdose-death-rates.

20 T. E. Robinson and B. Kolb, "Structural Plasticity Associated with Exposure to Drugs of Abuse," *Neuropharmacology* 47, Suppl. 1 (2004): 33-46.

21 A. R. Childress, R. N. Ehrman, Z. Wang, Y. Li, N. Sciortino, J. Hakun, W. Jens, et al., "Prelude to Passion: Limbic Activation by 'Unseen' Drug and Sexual Cues," *PLoS One* 3, no. 1 (January 2008): e1506.

22 M. Muraven, "Practicing Self-Control Lowers the Risk of Smoking Lapse," *Psychology of Addictive Behaviors* 24, no. 3 (September 2010): 446-452.

23 R. Z. Goldstein and N. D. Volkow, "Dysfunction of the Prefrontal Cortex in Addiction: Neuroimaging Findings and Clinical Implications," *Nature Reviews Neuroscience* 12, no. 11 (October 2011): 652-69.

24 G. F. Koob and N. D. Volkow, "Neurobiology of Addiction: A Neurocircuitry Analysis," *Lancet Psychiatry* 3, no. 8 (August 2016): 760-773.

25 C. Lopez-Quintero, D. S. Hasin, J. P. de Los Cobos, A. Pines, S. Wang, B. F. Grant, and C. Blanco, "Probability and Predictors of Remission from Life-Time Nicotine, Alcohol, Cannabis or Cocaine Dependence: Results from the National Epidemiologic Survey on Alcohol and Related Conditions," *Addiction* 106, no. 3 (March 2011): 657-669.

第 9 章

1 *A Life Without Pain.* Movie. Directed by M. Gilbert. Frozen Feet Films, 2015.

2 J. J. Cox, F. Reimann, A. K. Nicholas, G. Thornton, E. Roberts, K. Springell, G. Karbani, et al., "An SCN9A Channelopathy Causes Congenital Inability to Experience Pain," *Nature* 444, no. 7121 (December 2006): 894-898.

3 M. Berthier, S. Starkstein, and R. Leiguarda, "Asymbolia for Pain: A Sensory-Limbic Disconnection Syndrome," *Annals of Neurology* 24, no. 1 (July 1988): 41-49.

4 H. K. Beecher, "Relationship of Significance of Wound to Pain Experienced," *Journal of the American Medical Association* 161, no. 17 (August 1956): 1609-1613.

5 D. V. Reynolds, "Surgery in the Rat during Electrical Analgesia Induced by Focal Brain Stimulation," *Science* 164, no. 3878 (April 1969): 444-445.

6 H. Boecker, G. Henriksen, T. Sprenger, I. Miederer, F. Willoch, M. Valet, A. Berthele, and T.R. TÒlle, "Positron Emission Tomography Ligand Activation Studies in the Sports Sciences: Measuring Neurochemistry in Vivo," *Methods* 45, no. 4 (August 2008): 307-318.

7 J. Dum, C. Gramsch, and A. Herz, "Activation of Hypothalamic Beta-Endorphin Pools by Reward Induced by Highly Palatable Food," *Pharmacology, Biochemistry, & Behavior* 18, no. 3 (March 1983): 443-447.

8 J. S. Odendaal and R. A. Meintjes, "Neurophysiological Correlates of Affiliative Behaviour between Humans and Dogs," *Veterinary Journal* 165, no. 3 (May 2003): 296-301.

9 R. D. Treede, W. Rief, A. Barke, Q. Aziz, M. I. Bennett, R. Benoliel, M. Cohen, et al., "A Classification of Chronic Pain for ICD-11," *Pain* 156, no. 6 (June 2015): 1003-1007.

10 R. J. Crook, K. Dickson, R. T. Hanlon, and E. T. Walters, "Nociceptive Sensitization

Reduces Predation Risk," *Current Biology* 24, no. 10 (May 2014): 1121-1125.

11 E. Ernst, "Acupuncture: What Does the Most Reliable Evidence Tell Us?" *Journal of Pain and Symptom Management* 37, no. 4 (April 2009): 709-714.

12 "Overdose Death Rates," National Institute on Drug Abuse, last modified January 2019, https://www.drugabuse.gov/related-topics/trends-statistics/overdose-death-rates.

第 10 章

1 S. Aglioti, N. Smania, M. Manfredi, and G. Berlucchi, "Disownership of Left Hand and Objects Related to It in a Patient with Right Brain Damage," *Neuroreport* 8, no. 1 (December 1996): 293-296.

2 K. M. O'Craven, P. E. Downing, and N. Kanwisher, "fMRI Evidence for Objects as the Units of Attentional Selection," *Nature* 401, no. 6753 (October 1999): 584-587.

3 M. Corbetta and G.L. Shulman, "Human Cortical Mechanisms of Visual Attention during Orienting and Search," *Philosophical Transactions of the Royal Society of London* 353, no. 1373 (August 1998): 1353-1362.

4 M. Corbetta, J. M. Kincade, J. M. Ollinger, M. P. McAvoy, and G.L. Shulman, "Voluntary Orienting Is Dissociated from Target Detection in Human Posterior Parietal Cortex," *Nature Neuroscience* 3, no. 3 (March 2000): 292-297.

5 M. Corbetta and G.L. Shulman, "Control of Goal-Directed and Stimulus-Driven Attention in the Brain," *Nature Reviews Neuroscience* 3, no. 3 (March 2002): 201-215.

6 Ibid.

7 Ibid.

8 N. Wood and N. Cowan, "The Cocktail Party Phenomenon Revisited: How Frequent are Attention Shifts to One's Name in an Irrelevant Auditory Channel?" *Journal of Experimental Psychology: Learning, Memory, and Cognition* 21, no.1 (January 1995): 255-260.

9 D. J. Simons and C. F. Chabris, "Gorillas in Our Midst: Sustained Inattentional Blindness for Dynamic Events," *Perception* 28, no. 9 (1999): 1059-1074.

10 D. L. Strayer, F. A. Drews, and D. J. Crouch, "A Comparison of the Cell Phone Driver and the Drunk Driver," *Human Factors* 48, no. 2 (Summer 2006): 381-391.

11 J. K. Caird, K. A. Johnston, C.R. Willness, M. Asbridge, and P. Steel, "A Meta-

Analysis of the Effects of Texting on Driving," *Accident: Analysis and Prevention* 71 (October 2014): 311-318.

12 A. Furnham and L. Strbac, "Music Is as Distracting as Noise: The Differential Distraction of Background Music and Noise on the Cognitive Test Performance of Introverts and Extraverts," *Ergonomics* 45, no. 3 (February 2002): 203-217.

13 G. B. Armstrong and L. Chung, "Background Television and Reading Memory in Context: Assessing TV Interference and Facilitative Context Effects on Encoding Versus Retrieval Processes," *Communication Research* 27, no. 3 (June 2000): 327-352.

14 E. A. Roth and K.H. Smith, "The Mozart Effect: Evidence for the Arousal Hypothesis," *Perceptual and Motor Skills* 107, no. 2 (October 2008): 396-402.

15 J. M. Watson and D. L. Strayer, "Supertaskers: Profiles in Extraordinary Multitasking Ability," *Psychonomic Bulletin & Review* 17, no. 4 (August 2010): 479-485.

16 Ibid.

17 E. Ophir, C. Nass, and A. D. Wagner, "Cognitive Control in Media Multitaskers," *Proceedings of the National Academy of Sciences of the United States of America* 106, no. 37 (September 2009): 15583-15587.

18 M. D. Mrazek, M. S. Franklin, and D. T. Phillips, "Mindfulness Training Improves Working Memory Capacity and GRE Performance While Reducing Mind Wandering," *Psychological Science* 24, no. 5 (March 2013): 776-781.

19 C. H. Hillman, M. B. Pontifex, L. B. Raine, D. M. Castelli, E. E. Hall, and A.F. Kramer, "The Effect of Acute Treadmill Walking on Cognitive Control and Academic Achievement in Preadolescent Children," *Neuroscience* 159, no. 3 (March 2009): 1044-1054.

20 "Attention-Deficit/Hyperactivity Disorder (ADHD)," Centers for Disease Control and Prevention, last modified September 21, 2018, https://www.cdc.gov/ncbddd/adhd/data.html.

21 E. Bowton, C. Saunders, K. Erreger, D. Sakrikar, H. J. Matthies, N. Sen, T. Jessen, et al., "Dysregulation of Dopamine Transporters via Dopamine D2 Autoreceptors Triggers Anomalous Dopamine Efflux Associated with Attention-Deficit Hyperactivity Disorder," *Journal of Neuroscience* 30, no. 17 (April 2010): 6048-6057.

22 N. del Campo, T. D. Fryer, Y. T. Hong, R. Smith, L. Brichard, J. Acosta-Cabronero, S. R. Chamberlain, et al., "A Positron Emission Tomography Study of Nigro-Striatal Dopaminergic Mechanisms Underlying Attention: Implications for ADHD and Its Treatment," *Brain* 136, no. 11 (November 2013): 3252-3270.

23 B. S. Molina, S. P. Hinshaw, J. M. Swanson, L. E. Arnold, B. Vitiello, P. S. Jensen, J. N. Epstein, et al., "The MTA at 8 Years: Prospective Follow-Up of Children Treated for Combined-Type ADHD in a Multisite Study," *Journal of the American Academy of Child & Adolescent Psychiatry* 48, no. 5 (May 2009): 484-500.

內容簡介

語言、運動、睡眠、記憶、快樂、恐懼……與人類的生命息息相關，每天都必須倚靠這些功能的順暢運作，才能讓人之所以成為人，但卻鮮少有人瞭解，大腦如何創造出這些看似理所當然的奇蹟？

如果人格的基礎和行為的理由可追溯至大腦，那麼理解自己的最好方法，就是學習更多有關大腦如何運作的知識。同時，現代人因生活壓力遽增以及壽命增加而拉長老年時期，其所導致的腦損傷和腦變異比例也日益增加。當大腦無法正常工作，失眠、認知障礙、注意力缺乏、失智、憂鬱或成癮等問題亦隨之而來，我們迫切需要為寶貴大腦建立一道基本防禦。

神經科學儼然成為現代人必備的基礎科普背景，因此亟需一本好入門的導讀，幫助我們快速增進對大腦運作機制的基本認識。據此，本書將和生活密切關連的腦活動分為十個主題，每個領域皆搭配相關病例解說，透過最新研究方法深入剖析神經科學研究的經典案例，不僅打開讀者眼界，同時也為大腦的不可思議釋疑。

本書內容涵蓋神經元到神經迴路、腦區的分工與專責、腦與心智及身體的連動，以及神經物質與成癮的關係，對大腦的複雜性予以系統性地闡述，精采易消化，讀來就像高知識含量的短篇偵探小說，隨著作者破解謎團的過程，揭露令人驚訝的大腦怪奇物語。

作者簡介

馬克・丁曼 Marc Dingman

二〇一三年從賓夕法尼亞州大學取得神經科學博士學位，畢業後在賓大「生物行為健康系」任教，主講神經科學和健康科學的課程。他也把很多空餘時間花在他的網站（www.neurochallenged.com）和他的熱門 Youtube 系列（2 Minute Neuroscience），向大眾介紹神經科學。他與太太和兩個孩子住在賓夕法尼亞州州學院市（State College）的郊區。

譯者簡介

梁永安

台灣大學文化人類學學士、哲學碩士，東海大學哲學博士班肄業。目前為專業翻譯者，共完成約近百本譯著，包括《文化與抵抗》（*Culture and Resistance* / Edward W. Said）、《啟蒙運動》（*The Enlightenment* / Peter Gay）、《現代主義》（*Modernism: The Lure of Heresy* / Peter Gay）等。

大綺文化 閱讀卡

姓　名：

地　址：□□□

電　話：(　　)　　　　　　傳 眞：(　　)

E-mail：

您購買的書名：________________

購書書店：________市（縣）____________書店

■您習慣以何種方式購書？

□逛書店 □劃撥郵購 □電話訂購 □傳真訂購 □銷售人員推薦

□團體訂購 □網路訂購 □讀書會 □演講活動 □其他________

■您從何處得知本書消息？

□書店 □報章雜誌 □廣播節目 □電視節目 □銷售人員推薦

□師友介紹 □廣告信函 □書訊 □網路 □其他________

■您的基本資料：

性別：□男 □女　婚姻：□已婚 □未婚　年齡：民國______年次

職業：□製造業 □銷售業 □金融業 □資訊業 □學生

□大眾傳播 □自由業 □服務業 □軍警 □公 □教 □家管

□其他________________

教育程度：□高中以下 □專科 □大學 □研究所及以上

建議事項：

愛戀智慧 閱讀大師

廣告回信
北區郵政管理局登記證 北臺字8448號
免貼郵票

立緒文化事業有限公司　收

新北市 2 3 1

新店區中央六街62號一樓

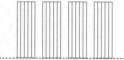

請沿虛線摺下裝訂，謝謝！

立緒文化閱讀卡

感謝您購買立緒文化的書籍

為提供讀者更好的服務，現在填妥各項資訊，寄回閱讀卡（免貼郵票），或者歡迎上網http://www.facebook.com/ncp231即可收到最新書訊及不定期優惠訊息。

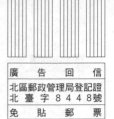

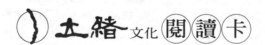

品預行編目 (CIP) 資料

案：從神經科學解密大腦運作與怪奇病例 / 馬克．丁曼 (Marc
an) 作；梁永安譯．
．-- 新北市：立緒文化事業有限公司，民 110.06
面；　公分．--（世界公民叢書）
目：Your Brain, Explained : What Neuroscience Reveals About
Your Brain and Its Quirks
ISBN 978-986-360-169-2（平裝）

1. 腦部　2. 神經學

394.911　110001924

大腦X檔案：從神經科學解密大腦運作與怪奇病例

Your Brain, Explained: What Neuroscience Reveals About Your Brain and Its Quirks

出版——立緒文化事業有限公司（於中華民國 84 年元月由郝碧蓮、鍾惠民創辦）
作者——馬克．丁曼 Marc Dingman
譯者——梁永安

發行人——郝碧蓮
顧問——鍾惠民

地址——新北市新店區中央六街 62 號 1 樓
電話——(02) 2219-2173
傳真——(02) 2219-4998
E-mail Address —— service@ncp.com.tw
acebook 粉絲專頁—— https://www.facebook.com/ncp231
撥帳號—— 1839142-0 號 立緒文化事業有限公司帳戶
政院新聞局局版臺業字第 6426 號

經銷——大和書報圖書股份有限公司
——(02) 8990-2588
—— (02) 2290-1658
——新北市新莊區五工五路 2 號
——菩薩蠻數位文化有限公司
——祥新印刷股份有限公司
法
陽——敦旭法律事務所吳展旭律師
分類．翻印必究
ISBN—— 394.911
出版 78-986-360-169-2
—中華民國 110 年 6 月初版 一刷（1 ～ 1,500）

Your Brain ained
First publish 2019 by Nicholas Brealey Publishing, An imprint of John Murray Press, An
Hachette UK any.

定價◎ 399 元（平裝）　立緒